可再生能源建筑一体化利用关键技术研究

华东建筑集团股份有限公司　编著

同济大学出版社
TONGJI UNIVERSITY PRESS

内 容 提 要

本书的主要内容来源于华东建筑设计研究院有限公司承担的国家"十二五"科技支撑计划课题"可再生能源利用建筑一体化设计研究与示范"(2013—2016)的研究成果。全书介绍了中国能源消耗以及可再生能源利用的现状、太阳能光伏建筑一体化集成设计研究、太阳能热水系统建筑一体化设计研究、基于计算机技术的辅助设计工具开发研究以及可再生能源利用建筑一体化设计指南等。

本书可供从事建筑工程设计、可再生能源系统生产安装企业以及绿色建筑咨询等人员学习参考。

图书在版编目(CIP)数据

可再生能源建筑一体化利用关键技术研究/华东建筑

集团股份有限公司编著. --上海:同济大学出版社,2017.12

　　ISBN 978-7-5608-7575-0

　　Ⅰ.①可… Ⅱ.①华… Ⅲ.①再生能源-应用-生态

建筑-建筑设计-研究 Ⅳ.①TU201.5

中国版本图书馆 CIP 数据核字(2017)第 321771 号

可再生能源建筑一体化利用关键技术研究

华东建筑集团股份有限公司　编著

责任编辑　张平官　　责任校对　徐春莲　　封面设计　陈益平

出版发行	同济大学出版社　　www.tongjipress.com.cn
	(地址:上海市四平路 1239 号　邮编:200092　电话:021—65985622)
经　销	全国各地新华书店、建筑书店
印　刷	常熟市大宏印刷有限公司
开　本	787mm×1092mm　1/16
印　张	12.75
字　数	318000
版　次	2018 年 2 月第 1 版　　2018 年 2 月第 1 次印刷
书　号	ISBN 978-7-5608-7575-0

定　价	40.00 元

编委会

前　言

　　本书的主要内容来源于华东建筑设计研究院有限公司承担的国家"十二五"科技支撑计划课题"可再生能源利用建筑一体化设计研究与示范"(2013—2016)的主要研究成果。该课题基于"十一五"期间可再生能源建筑利用的实践经验、设计图集标准和研究成果,研究太阳能光伏、光热系统建筑一体化设计关键技术,研究多种可再生能源应用于不同类型建筑的组合设计关键技术,并进行工程示范。课题主要承担单位包括华东建筑设计研究院有限公司、山东力诺瑞特新能源有限公司、上海临港松江科技城投资发展有限公司、上海通正铝业工程技术有限公司。

　　本书共分为5个章节。第1章主要阐述了中国能源消耗以及可再生能源利用的现状。第2章论述了太阳能光伏建筑一体化空间布置技术参数推荐值的主要研究过程和研究结论,包括布置间距推荐值(表)、不同间距平屋面光伏组件的横向遮挡率速查表、平屋面光伏组件方位角度变化范围推荐值(表)、弧形屋面倾角的法线角度推荐值(表)以及光伏一体化时通风腔高度及布置间距推荐值(表)。第3章论述了太阳能热水系统关键设备选型技术参数值(表)、改进技术措施的主要研究过程和研究结论以及新型一体化的太阳能热水集热产品的研发内容。第4章介绍了两种基于一体化设计的研发软件,基于SketchUp软件环境下二次开发的太阳能光伏、光热建筑一体化设计软件平台和在计算机辅助设计软件环境下二次开发的"基于计算模拟分析的多种可再生能源集成设计平台"。第5章基于"十二五"科技支撑计划课题"可再生能源利用建筑一体化设计研究与示范"研究成果,提出适用于可再生能源建筑一体化应用的设计指南。

　　本书旨在推动可再生能源建筑利用的健康发展,共享本研究所形成的科研成果,与同行专家们共勉,希望本书的出版能为从事工程建筑的相关人员提供帮助和指导。

　　限于时间和水平,有不妥之处,敬请读者批评指正。

"可再生能源利用建筑一体化设计研究与示范"课题组

2017年3月

目　　录

第 **1** 章　可再生能源利用概述

1.1　中国能耗知多少

国家"十三五"能源规划已提出了能源消耗总量控制在 45 亿吨标准煤左右。在能源消耗总量控制和环境影响改善的双重刺激下,去产能等产业结构调整、推动绿色建筑和新能源利用的战略正在实施中。

2014 年中国能源消费总量已达 42.6 亿吨标准煤,是世界第一大能源消费国。根据 BP 的统计数据[1],中国 2013 年的能源消费总量已约占全球的 22.4%,超过排名第二的美国 4.6 个百分点,是排名第五的日本的 6 倍多。

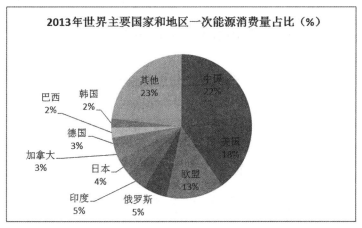

图 1-1　2013 年世界主要国家和地区一次能源消费量占比(%)

2014 年的能源消费总量相对于 1996 年增长了 215%,相对于 2005 年增长了 81%。

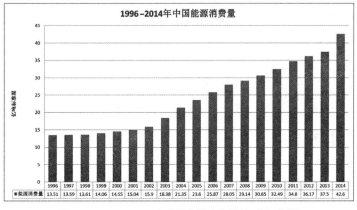

图 1-2　1996—2014 年中国能源消费量(亿吨标准煤)

2014 年中国煤炭消费量为 41.2 亿吨,根据 BP 的统计数据[1],2013 年中国的煤炭消费量占到世界煤炭消费总量的 50.3%,是第二名美国的 4.2 倍,是第三名印度的 5.9 倍。

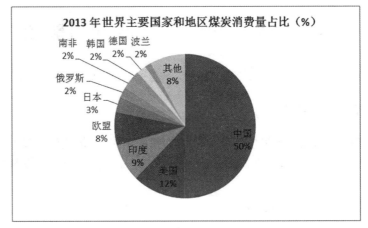

图 1-3 2013 年世界主要国家和地区煤炭消费量占比(%)

依据《IEA 世界能源平衡表 2014》[1]可知,除了煤炭消费总量最高之外,与发达国家相比,中国发电用煤炭比例也偏低,仅占 51%,而美国达到 92%,终端消费占比偏高占到总用量的 31.1%,较世界平均水平(24.7%)高出 6.4 个百分点。

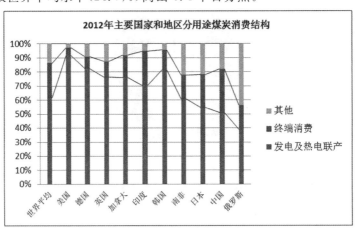

图 1-4 2012 年主要国家和地区分用途煤炭消费结构

据《财经国家周刊》[2]报道,"十三五"期间,煤炭依然是我国的主要能源,但是越来越严重的环境问题使得必须更加重视煤炭清洁高效开发利用。规划提出到 2020 年将有超过 60% 的煤炭消费量用于发电,原煤入选率提升至 80% 以上,同时大幅减少煤炭分散使用。煤炭开发将划分优先次序,按照控制东部、稳定中部、发展西部的原则。

1.2 可再生能源利用

1.1.1 太阳能热水系统

2015 年底,中国太阳能热利用总保有量达到 4.42 亿 m²(309GWth),同比增长 6.9%,

保持着全球制造和应用大国地位。2015 年 1－12 月份太阳能热水器行业运行主要数据显示,真空管型集热器及系统占到销售总量的 87%,平板型集热器及系统占 13%。太阳能中低温热利用仍以生活热水为主,但逐渐开始向太阳能采暖、制冷、工农业应用、海水淡化等领域扩展。

1.1.2 地源热泵系统

1995 年全国地源热泵应用面积为 4 000m²,1999 年达到 6 万 m²,2000 年是 10 万 m²,2009 年为 1 亿 m²,2013 年达到 3 亿 m²。我国地源热泵行业发展进入快速车道[4]。

1.1.3 太阳能光伏系统

依据《全球新能源发展报告 2015》[1],2014 年太阳能光伏新增装机容量排名前十的国家依次为中国、日本、美国、英国、德国、法国、南非、澳大利亚、印度和加拿大。中国新增装机容量占到世界新增总量的 27.7%,是美国的 2 倍。

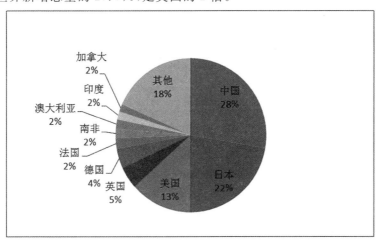

图 1－5 2014 年太阳能光伏新增装机容量占比

第 2 章 太阳能光伏建筑一体化集成设计研究

2.1 平屋面间距布局优化研究

针对一般设计方法中合理间距设计在建筑应用中的不足,深度分析平屋面布置中的合理间距优化方法和光伏布置横向长度对于光伏板总获得辐照量的影响。考虑到我国南北跨度较大,不同地区太阳辐照量有较大差异,选取上海、北京、沈阳、广州 4 个城市作为分析对象。

太阳能光伏组件一般都倾斜放置于平屋面,通过合理的倾角、间距与方位角布置以获得最优的发电量,倾角与方位角在目前太阳能业界已经达成广泛共识。在间距的布置上,工程中一般选用的间距都引自《光伏发电站设计规范》(GB50797-2012),规范要求布置间距:冬至日太阳时 9:00-15:00 不被遮挡。但是这存在一个问题,此规范是针对地面电站设计所用,地面电站往往建设于地广人稀之地,布置面积不是主要考虑因素,而建筑屋顶面积有限,仅部分可利用,面积成为布置的一个重要考虑因素,从合理利用的角度出发,适当减小间距以获得最合理的装机量将是必要举措。

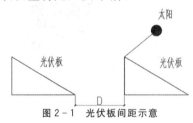

图 2-1 光伏板间距示意

2.1.1 上海

先以上海为例,适当减少间距模拟其相互遮挡程度的影响。模拟光伏组件均布置于 10 米见方屋顶,大致模型如图 2-2,图为最大与最小间距的示意。

根据《光伏发电站设计规范》(GB50797-2012)布置间距要求:冬至日太阳时 9:00-15:00 不被遮挡,计算所得间距为 650mm。同时按一定间距依次缩短布置间距,形成不同计算工况间距,具体如表 2-1。200mm 间距为考虑到检修及日常维护最小间距。

表 2-1 不同间距的光伏布置规模情况

间距(mm)	代号	650	500	400	300	200
屋顶面积(m²)	A	100	100	100	100	100
装机容量(kWp)	B	7.56	8.64	9.72	10.8	11.88
光伏组件数量(个)	C	42	48	54	60	66
光伏组件面积(m²)	D	53.76	61.44	69.12	76.8	84.48

以下是模拟结果,颜色代表不同光照强度,仅以 650mm 与 200mm 为典型代表进行分析。图中 650mm 与 200mm 存在明显的差别,650mm 间距下光伏组件底部辐照强度未出现明显下降,而在 200mm 间距下,光伏组件底部已经出现了明显的差距,这会对发电量造成较大影响。

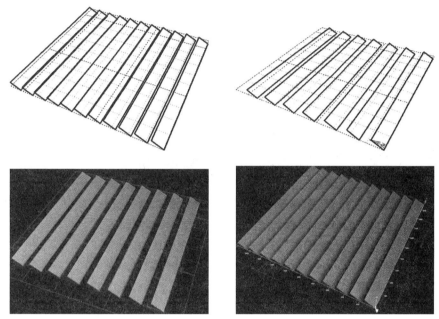

间距 650 mm　　　　　　　　　　　间距 200 mm

图 2-2　不同间距的辐照量分析结果模型图

表 2-2 为模拟结果的各项数据统计,随着间距的减小,单位光伏板面积的辐照强度逐步下降,且遮挡率直线上升,却相应增加了屋顶单位面积的装机量,使得单位屋顶面积的辐照利用率得到了提升,间距 650mm 下单位屋顶的辐照利用率仅为 755.9kW·h/m²,而间距 200mm 下的辐照利用率提高为 1 135.2kW·h/m²,提升辐照量达到 379.3kW·h/m²,对单位屋顶面积的利用率提升了近 50%。

表 2-2　不同间距的模拟分析结果

间距(mm)	代号	650	500	400	300	200
单位屋顶面积装机量(W/m²)	B/A	75.6	86.4	97.2	108	118.8
单位光伏板面积辐照强度/(kW·h/m²)	E	1 406	1 396.6	1 383.3	1 367.7	1 343.7
单位屋顶面积辐照利用量/(kW·h/m²)	F=E·D/A	755.9	858.1	956.0	1 050.4	1 135.2
单位装机量的辐照利用量(kW·h/kWp)	G=E·D/B	18.60	16.16	14.23	12.66	11.31
遮挡率(%)	(E0−En)/E0	/	0.7%	1.6%	2.7%	4.4%
屋顶利用提高率%/(kW·h/m²)	(Fn−F0)/F0	/	13.5%	26.5%	40.0%	50.2%

从以上数据可以看出,随着间距的减小,单位光伏组件和面积的辐照强度进一步下降,且相互遮挡率进一步上升。但是相应而言,缩小间距后可增加屋顶单位面积的装机量,单位屋顶面积的辐照利用率得到了提升。

2.1.2 北京

根据《光伏发电站设计规范》(GB50797—2012)计算理论间距,即冬至日太阳时 9:00 — 15:00 不被遮挡。由计算结果得间距为 1 365mm。为了分析间距的影响,依次减小间距。具体模拟工况见表 2-3。

表 2-3 模拟工况

间距(mm)	代号	1 365	900	600	500	200
屋顶面积(m²)	A	100	100	100	100	100
装机容量(kWp)	B	8.1	9.5	10.8	12.2	16.2
光伏组件数量(个)	C	36	42	48	54	72
光伏组件面积(m²)	D	46.08	53.76	61.44	69.12	92.16

表 2-4 列出了模拟结果的各项数据,可看出随着间距的减小,单位光伏板面积辐照强度逐渐降低,同时单位屋顶面积装机量和单位屋顶面积辐照利用量呈增大的趋势,与上海规律类似。二者随间距的变化趋势是当间距小于 500mm 时,遮挡率和屋顶利用提高率均有明显上升,基本一致;而 500mm 以上时,其遮挡与利用率提高相对较慢。

表 2-4 不同间距计算结果

间距(mm)	代号	1 365	900	600	500	200
单位屋顶面积装机量(W/m²)	B/A	81.0	94.5	108.0	121.5	162.0
单位光伏板面积辐照强度/(kW·h/m²)	E	1 613.0	1 601.5	1 572.2	1 557.4	1 485.8
单位屋顶面积辐照利用量/(kW·h/m²)	F=E·D/A	743.3	860.9	965.9	1 076.5	1 369.3
单位装机量的辐照利用量(kW·h/kWp)	G=E·D/B	19.9	16.9	14.6	12.8	9.2
遮挡率(%)	(E0−En)/E0	/	0.72%	2.53%	3.45%	7.89%
屋顶利用提高率%/(kW·h/m²)	(Fn−F0)/F0	/	15.8%	30.0%	44.8%	84.2%

2.1.3 沈阳

根据《光伏发电站设计规范》(GB50797—2012)计算理论间距,即冬至日太阳时 9:00 — 15:00 不被遮挡。由计算结果得间距为 1 675mm,逐渐减小间距,分别进行模拟,见表 2-5。

表 2-5 模拟工况

间距(mm)	代号	1 675	1 000	700	400
屋顶面积(m²)	A	100	100	100	100
装机容量(kWp)	B	6.8	8.1	10.8	13.5
光伏组件数量(个)	C	30	36	48	60
光伏组件面积(m²)	D	38.4	46.08	61.44	76.8

表 2-6 列出了模拟结果,从中可看出随着间距从 1 675mm 减小至 400mm,单位光伏组件面积辐照强度降低了 7.1%,单位屋顶面积辐照利用量增大了 86%,单位屋顶面积装机量增大为原来的 2 倍。当间距小于 1 000mm 时,遮挡率、屋顶利用提高率及单位屋顶面积装机量均呈直线上升的趋势,减小间距有利于发电量的提升。在沈阳地区,光伏组件间距为 400mm 时的遮挡率高达 7.1%,而小于 1 000mm 时屋顶辐照强度利用率呈直线上升。

表 2-6　不同间距计算结果

间距(mm)	代号	1 675	1 000	700	400
单位屋顶面积装机量(W/m²)	B/A	67.5	81.0	108.0	135.0
单位光伏板面积辐照强度/(kW·h/m²)	E	1 419.86	1 395.46	1 357.54	1 319.09
单位屋顶面积辐照利用量/(kW·h/m²)	F=E·D/A	545.2	643.0	834.1	1 013.1
单位装机量的辐照利用量(kW·h/kWp)	G=E·D/B	21.0	17.2	12.6	9.8
遮挡率(%)	(E0-En)/E0	/	1.72%	4.39%	7.10%
屋顶利用提高率%/(kW·h/m²)	(Fn-F0)/F0	/	17.94%	52.98%	85.81%

2.1.4　广州

根据《光伏发电站设计规范》(GB50797-2012)计算理论间距,即冬至日太阳时 9:00-15:00 不被遮挡,得间距为 350mm。考虑检修及日常维护及安装容量,取最小间距 250mm。具体模拟工况见表 2-7。

表 2-7　模拟工况

间距(mm)	代号	350	280	250
屋顶面积(m²)	A	100	100	100
装机容量(kWp)	B	12.2	13.5	72
光伏组件数量(个)	C	54	60	92.16
光伏组件面积(m²)	D	69.12	76.8	118

表 2-8 列出了模拟结果的各项数据。由于广州地区纬度较低,太阳高度角较大,因此理论间距只有 350mm,间距继续减小的幅度很小。这使得光伏板在间距方面优化的空间也较小。从表中可看出,随着间距的减小,单位光伏板面积辐照强度呈下降趋势,这与上海、北京、沈阳地区均相同。单位屋顶面积装机量虽然呈上升趋势,但增加幅度很小,且间距由 280mm 减小至 250mm,装机量已经没有提升空间。从遮挡率来看,当间距减小至 250mm,遮挡率由 0.39% 增加至 0.72%,遮挡率始终很小。从屋顶利用提高率来看,当间距从 280mm 继续减小时,利用率从 10.7% 开始逐渐降低。这是由于广州地区太阳高度角较大,遮挡间距的影响作用较小。

表2-8　不同间距计算结果

间距(mm)	代号	350	280	250
单位屋顶面积装机量(W/m²)	B/A	121.5	135.0	135.0
单位光伏板面积辐照强度/(kW·h/m²)	E	1 096.68	1 092.40	1 088.75
单位屋顶面积辐照利用量/(kW·h/m²)	F=E·D/A	758.0	839.0	836.2
单位装机量的辐照利用量(kW·h/kWp)	G=E·D/B	9.0	8.1	8.1
遮挡率(%)	(E0－En)/E0	/	0.39%	0.72%
屋顶利用提高率%/(kW·h/m²)	(Fn－F0)/F0	/	10.7%	10.3%

2.1.5　小结

除广州外,以上四个地域中,上海、北京、沈阳的分析可以发现间距与屋顶利用率的提高几乎成线性关系。以上对分布式屋顶光伏的可行性仅从遮挡程度的角度进行了量化分析,但以上分析的辐照遮挡仅仅是一个方面,电池的光点属性也是影响发电效率的重要因素。根据相关部分阴影条件下光伏组件的发电功率研究,当光伏组件被部分遮挡或者光照不均匀时,会造成阵列的输出效率降低,并容易发生热斑现象,进而损坏电池。

由此看来,遮挡程度的合理性问题实际是如何平衡遮挡与提高屋顶利用率的问题。根据以上分析中组件的排布形式,普通光伏组件内部的电池分布、受遮挡情况示意见图2-3。

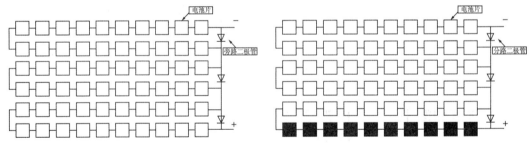

图2-3　光伏组件电池排布及遮挡示意

若组件受到遮挡,其输出功率曲线将会受到影响,输出功率减少。表2-9即为通过实测测得的输出功率下降的比例,可以见到,仅遮挡半列电池组时输出功率下降并不大,但是当一列电池组被遮挡后,功率下降比例明显上升。若继续加大遮挡,其输出功率受遮挡的影响程度将急剧扩大,输出效率也会迅速下降至50%以下。

表2-9　受遮挡后功率下降实测值(注:数据来源于西北光伏电站实测数据)

	V_{oc}/V	I_{sc}/A	P/W	输出额定功率的百分比/%
未遮挡	34.62	5.88	204	100
遮挡半列电池组	34.49	5.8	200	98.0
遮挡一列电池组	33.5	5.2	174	85.3

依据组件长宽大小,不同间距可能造成的光伏组件电池遮挡如表2-10所示。结合表

中数据,可以发现,当间距缩小至一定程度以下时,将会有 1 列以上的电池组件被遮挡,输出功率将直线下降。这就需要将间距维持在一定范围内,有 0.5～1 列组件被遮挡的合理范围,将实测输出功率维持在 85.3% 以上的可接受范围内。

表 2 - 10　组件遮挡情况

遮挡的电池组列数	0	0.5	1.00	1.5
输出功率	100%	98%	85.3%	<50%
上海	间距 650mm	间距 400mm	间距<400mm	
北京	间距 1 365mm	间距 900mm	间距<900mm	
沈阳	间距 1 675mm	间距 1 000mm	间距<1 000mm	
广州	间距 350mm	间距 280mm	间距<280mm	

由光伏这一发电属性,屋顶的利用优化应控制在一定范围之内。相反,若间距小于一定值,优化后的发电量将均不足以弥补由光电属性带来的输出功率降低。即若考虑光电属性带来的输出功率下降,屋顶利用率并不是一条递增的曲线,若影响光电属性,就无所谓屋顶利用率提高一说了。

光伏与建筑一体化结合中,在保证光伏发电效率的同时,应提高有限建筑面积的发电利用率。适当的减小间距对光伏组件整体接受到的辐照量影响不大,遮挡影响程度应控制在 2% 以内。若继续增加遮挡,考虑光伏电池自身发电属性会极大地影响光伏组件输出功率。通过对比,发现在间距影响作用较大区域如上海、北京、沈阳,间距的扩大带来的效应应该终止于一个限值,这个限值应小于单排电池组件被遮挡。各地区在仅考虑单个组件(板高 800mm)的情况下,间距推荐值如表 2 - 11 所示。

表 2 - 11　平屋面单个光伏组件板(高 800mm)的布置间距推荐值

地区	安装倾角等级	布置间距推荐值(mm)
上海	25°	[400,650]
北京	35°	[900,1 365]
沈阳	40°	[1 000,1 675]
广州	15°	[280,350]

2.2　平屋面横向遮挡布局影响研究

在建筑光伏一体化设计中,光伏组件除了前后遮挡影响外,由于当日太阳高度角的变化,前板往往会对正后方两边的光伏板形成侧向遮挡。这一现象在横向布置光伏组件较多时会造成较大影响,是屋顶光伏组件布置中需要考虑的问题。

2.2.1　上海

以上海为例建立分析模型如图 2 - 4 所示,在横向上分别布置组数为单组、2 组、4 组、8 组、10 组、15 组、25 组与 40 组,用于对比横向长度方向光伏组件布置对后侧的光伏组件存在的影响。

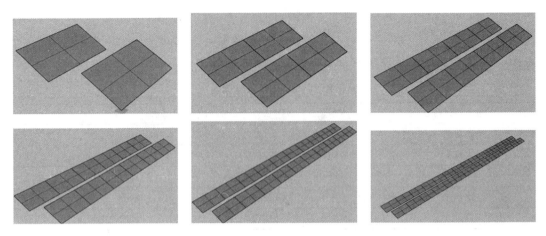

图 2-4 不同横向长度的分析模型

根据上节的分析结论,主要以 500mm,400mm 间距为分析重点,考虑一定的差异性影响要求,共设 650mm,500mm,400mm,300mm 四个分析情况,得到的分析数据见表2-12。

表 2-12 不同横向长度方向布置的遮挡率 （%）

前后 \ 横向	单组 1.6(m)	2组 3.2(m)	4组 6.4(m)	8组 9.6(m)	10组 16(m)	15组 24(m)	25组 40(m)	40组 64(m)
间距 650(mm)	1.18	1.45	1.61	1.87	1.60	1.23	0.99	0.77
间距 500(mm)	1.89	2.09	2.00	2.86	2.58	1.97	1.44	1.04
间距 400(mm)	2.08	2.32	3.87	4.36	3.73	2.99	2.95	1.52
间距 300(mm)	4.35	4.92	5.41	6.50	5.69	4.77	3.49	2.34

由表 2-12 可知,遮挡程度随着组数的增加有所递增,但是当组数超过一定数量时,遮挡程度会慢慢下降,各组不同间距反映出,其遮挡程度均在 8 组时达到最大值。图 2-5 可以更加清晰地反映这一问题。

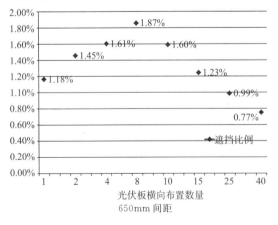

光伏板横向布置数量
650mm 间距

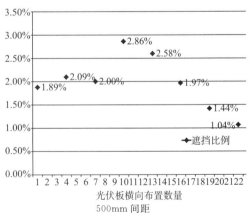

光伏板横向布置数量
500mm 间距

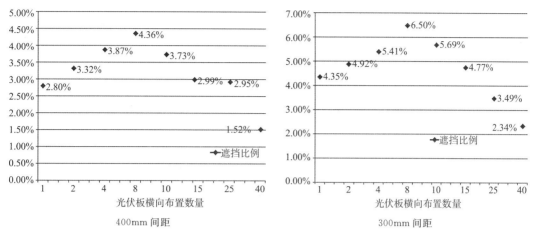

400mm 间距　　　　　　300mm 间距

图 2-5　不同横向长度方向布置的遮挡影响分析结果

　　随着间距加大,长宽比上升超过一个临界点时其相应的遮挡程度越小。由于本模拟条件中光伏组件的尺寸为 1 600mm×800mm,8 组时遮挡程度最大,即长宽比为 16∶1 时,光伏组件横向长度对前后的遮挡程度影响最大,长宽比小于或者大于这个值,都将减小前后横向遮挡的影响。同时,当长宽比越来越大,最终的遮挡影响均可以小于单块板的遮挡影响。

2.2.2　北京

　　光伏组件横向长度方向布置单组、双组、4 组、6 组、9 组、10 组、15 组、25 组、40 组,建立模型如图 2-6。这里以间距 1 200mm,900mm,700mm,500mm 为例进行分析。

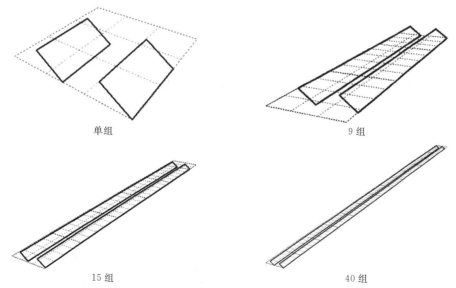

单组　　　　　　　　　　9 组

15 组　　　　　　　　　　40 组

图 2-6　不同横向组数的模型图

　　图 2-7 显示了 4 种间距下光伏组件遮挡率随横向组数的变化规律。可以看出,不论在何种间距下,遮挡率随着组数的增大呈先上升后下降的趋势。在单组至 9 组之间,遮挡

率增加的速率很快,而在 9 组以后,遮挡率下降的速率减缓。横向设置 9 组光伏组件时,遮挡程度达到最大。当横向长度增大到一定值时,会出现多组遮挡程度低于单组遮挡程度的现象。当间距越接近理论间距时,此时遮挡率比较小,由于光伏组件小于 9 组时遮挡率下降更快,可以考虑使光伏组件的长度控制在 9 组以内,如间距 1 200mm,900mm 所示;当间距越小时,遮挡程度也越大,横向长度 9 组以内的遮挡率仍然较大,此时可考虑使光伏组件长度大于 9 组,如间距 700mm,500mm 所示。

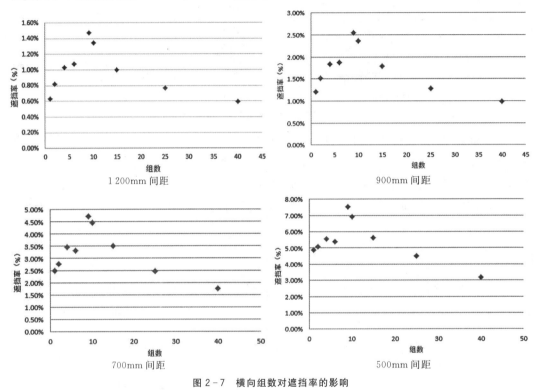

图 2-7　横向组数对遮挡率的影响

在北京地区,对于尺寸为 1 600mm×800mm 的光伏板,在确定光伏板长度时应尽量避免横向组数为 9 组。对于大间距,可考虑小于 9 组的布置,对于小间距,可考虑大于 9 组的布置。

2.2.3　沈阳

同样,设置单组、双组、4 组、6 组、9 组、10 组、15 组、25 组、40 组,建立模型如图 2-4 所示。这里以间距 1 300mm,1 000mm,700mm,40mm 为例进行分析。

图 2-8 显示了 4 种间距下光伏组件遮挡率随横向组数的变化。可以看出,遮挡率随着组数的增大基本呈先上升后下降的趋势。当横向组数增加至 6 组光伏板时,遮挡程度达到最大。大于或小于 6 组时,遮挡率均有不同程度的下降。当间距越接近理论间距时,此时遮挡率比较小,由于光伏组件小于 6 组时遮挡率下降得更快,可以考虑使光伏组件的长度控制在 6 组以内,如间距 1 300mm,1 000mm 所示;当间距越小时,遮挡程度也越大,此时如果将横向长度设置在小于 6 组以内,则遮挡率下降的幅度有限,可考虑使光伏组件长度

大于 6 组,当光伏组件长度大于一定组数时,多组的遮挡率将小于单组的遮挡率,如间距 700mm,400mm 所示。以间距 700mm 为例,当横向组数为 40 组时,遮挡率下降为 1.56%, 而单组遮挡率为 3.27%,仍然较高。显然,此时选择较多的组数可以有效降低遮挡率。

在沈阳地区,屋顶光伏组件布置应尽量避免采用横向长度为 6 组的情况,大于或小于 6 组均可以达到降低遮挡率的效果。当间距较大时,可选取小于 6 组的光伏组件布置,当间距较小时,尽可能选取更多组数的光伏板。

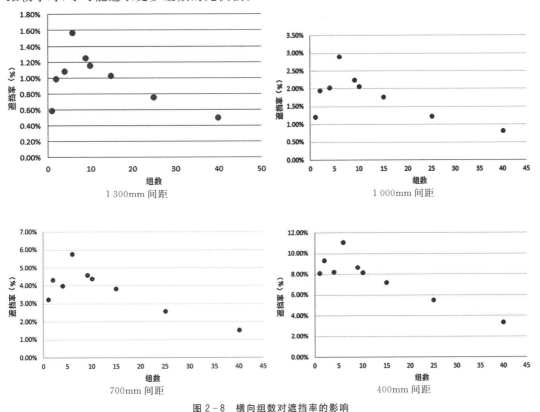

图 2-8　横向组数对遮挡率的影响

2.2.4　广州

类似前述工况,横向长度方向设置单组、双组、4 组、8 组、10 组、15 组、25 组、40 组,建立模型如图 2-4 所示。这里以间距 350mm,280mm,250mm,200mm 为例进行分析。

图 2-9 显示了 4 种间距下光伏组件遮挡率随横向组数的变化。可以看出,不论在何种间距下,遮挡率随着组数的增大呈先上升后下降的趋势。横向设置 8 组光伏组件时,遮挡程度达到最大;当横向组数大于或小于 8 组时,遮挡率均有所下降。当组数大于 15 组时,此时多组遮挡率开始小于单组遮挡率。相比上海、北京、沈阳地区,广州地区遮挡率随着横向长度的增加下降得更快。

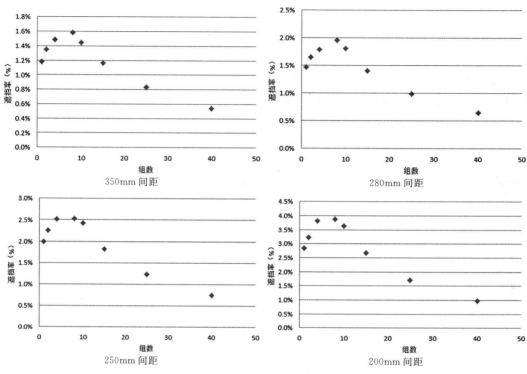

图 2-9　横向组数对遮挡率的影响

在广州地区,应尽量避免光伏组件横向布置组数为 8 组,建议横向布置 15 组及以上的光伏板,此时遮挡率小于单组工况,可以将遮挡的影响降到很低。

2.2.5　小结

光伏组件对正后方两边光伏组件的遮挡影响,随着横向布置数量的增加,呈现一种先增后减的趋势。标准光伏组件在 1600mm×800mm 的情况下,上海遮挡幅度的最大值为 8 组,北京为 9 组,沈阳为 6 组,广州同样为 8 组,设计中应当避免采用这个数量。另外,重要的是,当组件数量一直增加时,这一影响愈加减小,当超过一定组组件时,对正后方两侧光伏组件的影响率会小于单个组件,上海为 25 组,广州为 15 组,北京为 40 组,沈阳为 25 组。设计中可以利用这一规律来获得更佳的遮挡效率。根据以上分析,得到组件在布置时形成的长宽比例推荐布置值见表 2-13。

表 2-13　平屋面光伏组件的横向遮挡的布置长宽比例推荐值

地区	安装倾角等级	应避免长宽比(长:宽)
上海	25°	16:1
北京	35°	18:1
沈阳	40°	12:1
广州	15°	16:1

结合第一节的推荐间距,形成各个地区光伏组件的横向遮挡速查,见表 2-14～表 2-17。

表 2 - 14　上海不同间距平屋面光伏组件的横向遮挡率速查表（%）

间距(mm) ＼ 组数	单组	2 组	4 组	8 组	10 组	15 组	25 组	50 组
650	1.18	1.45	1.61	1.87	1.60	1.23	0.99	0.77
500	1.89	2.09	2.00	2.86	2.58	1.97	1.44	1.04
400	2.80	3.32	3.87	4.36	3.73	2.99	2.95	1.52

表 2 - 15　北京不同间距平屋面光伏组件的横向遮挡率速查表（%）

间距(mm) ＼ 组数	单组	2 组	4 组	6 组	9 组	15 组	25 组	40 组
1 200	0.50	0.65	0.83	0.87	1.18	0.81	0.61	0.48
900	1.20	1.52	1.84	1.87	2.55	1.79	1.28	0.98

表 2 - 16　沈阳不同间距平屋面光伏组件的横向遮挡率速查表（%）

间距(mm) ＼ 组数	单组	2 组	4 组	6 组	9 组	15 组	25 组	40 组
1 300	0.31	0.49	0.54	0.78	0.60	0.50	0.39	0.27
1 000	1.22	1.96	2.04	2.90	2.25	1.78	1.24	0.83

表 2 - 17　广州不同间距平屋面光伏组件的横向遮挡率速查表（%）

间距(mm) ＼ 组数	单组	2 组	4 组	8 组	10 组	15 组	25 组	40 组
350	1.18	1.35	1.49	1.58	1.45	1.16	0.83	0.55
280	1.62	1.81	2.01	2.12	2.01	1.58	1.06	0.69

2.3　方位角对遮挡影响分析研究

　　建筑光伏一体化设计中，光伏组件的安装受建筑本身形态影响。在具体工程项目中并不能确保光伏组件的布置方位角为正南向。在建筑屋顶布置时光伏组件是否能够在迎合建筑朝向的同时也能获得较好的发电效率，本节对此进行建模分析研究。

2.3.1　上海

　　分析地点以上海为例，排布间距选择第一节分析结果，即 650mm，500mm，400mm，横向组件数量依照第二节分析结果，选择较不利 8 组。分别选择正南、朝西 15°/30°/45°与朝东 15°/30°/45°，七种工况进行模拟。分析计算案例如表 2 - 18 所示，正北向的方位角为 0°。

表 2 - 18　分析案例

朝向	正南	朝西 15°	朝西 30°	朝西 45°	朝东 15°	朝东 30°	朝东 45°
方位角	180°	195°	210°	225°	165°	150°	135°

　　从图 2 - 10 可以看到，在辐照强度方面，方位角向西偏转造成的辐照强度下降要比东向更剧烈。前板在正南偏东 15°时接收的太阳辐照强度与正南向相比还有 0.3% 的增加。

当间距缩小至 400mm 时,增加的比例减为 0.17%。

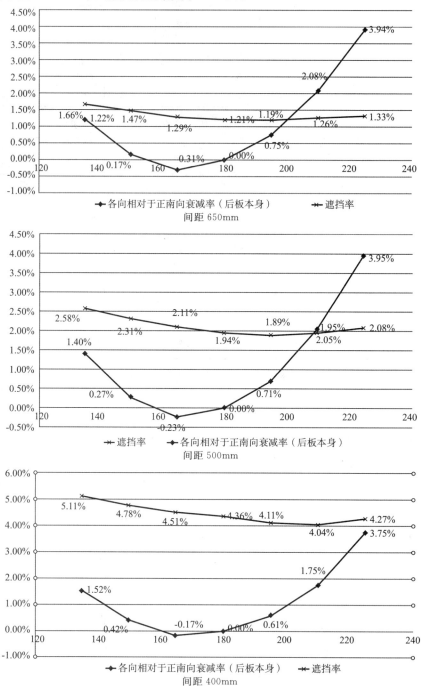

图 2-10 辐照强度及遮挡率综合分析

从遮挡率方面,方位角向西偏转,偏转在 30°以内时,遮挡率有一定程度的下降;向东偏转会进一步增加遮挡率,这一趋势会随着间距缩小加剧。

综合而言,正南朝向或正南偏东 15°,30°以内,前板对后板的遮挡率变化并不大,相对正南向的遮挡率增加量可以控制在 0.42% 以内；同时辐照强度影响也并不剧烈，辐照强度的衰减率可以控制在 0.5% 以内，影响甚微。

在上海地区，屋顶安装方位角可以推荐 150°～180°。

2.3.2　北京

针对北京对于方位角的影响，本节分析选取和上小节一样，选择正南、朝西 15°/30°/45° 与朝东 15°/30°/45° 七种工况进行模拟，如表 2-18 所示。由前述分析我们已经知道，光伏板的间距和横向长度对辐照强度有重要影响，间距按第一节分析得到的推荐间距为 1 365mm 及 900mm，并以横向为 9 组光伏板为例来分析。

从图 2-11 可以看到，在辐照强度方面，方位角向西偏转造成的辐照强度下降要比东向更剧烈。前板在正南偏东 15° 时接收的太阳辐照强度与正南向相差无几。当间距为 1 365mm 及 900mm 时，这一变化规律基本类似。

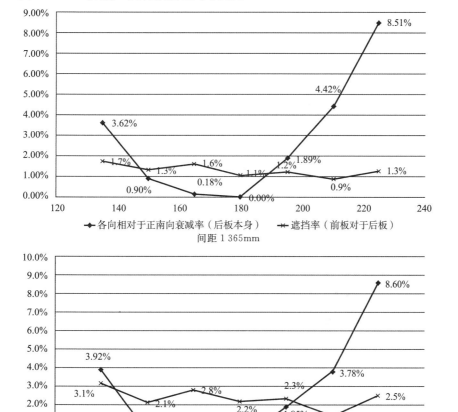

图 2-11　辐照强度及遮挡率综合分析

从遮挡率方面，方位角向西偏转，遮挡率有一定程度的下降，这一规律与向东偏转正好相反,西向 30°时获得最小遮挡率,间距 1 365mm 与 900mm 的规律类似。

综合而言,正南朝向或正南偏东 15°,30°以内,前板对后板的遮挡率变化并不大,相对正南向的遮挡率增加可以控制在 0.7% 以内;同时辐照强度影响也并不剧烈,辐照强度的衰减率可以控制在 0.9% 以内,是可以接受的。

在北京地区,屋顶安装方位角可以推荐 150°~180°。

2.3.3 沈阳

沈阳方位角的影响分析工况与其他地区类似,按前节分析结果,选取间距为 1 300mm,1 000mm,横向设置 6 组光伏组件进行模拟分析。

从图 2-12 可以看到,在辐照强度方面,方位角向西偏转会适当增加光伏组件的辐照强度,而向东偏转则会引起极大的下降。当间距为 1 300mm,1 000mm 时,这一变化规律基本类似。

从遮挡率方面,方位角向东偏转,遮挡率基本与正南向持平,向西偏转遮挡率相对较大。

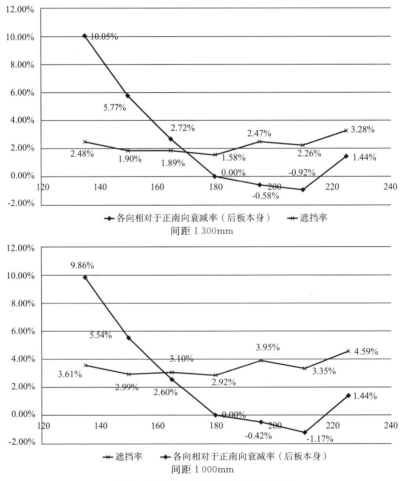

图 2-12　辐照强度及遮挡率综合分析

综合而言,正南朝向或正南偏西 15°,30°以内,前板对后板的遮挡率变化虽然较东向要大,但相对正南向的遮挡率增加可以控制在 0.68% 以内;但辐照强度影响相对东向的剧烈,西向会有至少 0.42% 的增加。在沈阳地区,屋顶安装方位角可以推荐 180°～210°。

2.3.4　广州

广州方位角的影响分析工况与其他地区类似,按前节分析结果,选取间距为 350mm,280mm,横向设置 8 组光伏组件进行模拟分析。

从图 2-13 可以看到,在辐照强度方面,方位角向西偏转造成的辐照强度下降要比东向更剧烈。前板在正南偏东 15° 时接收的太阳辐照强度与正南向相差小于 0.5%。

从遮挡率方面,方位角向东偏转要比方位角向西偏转较好,东向 30° 内的遮挡率影响较小。

综合而言,正南朝向或正南偏东 15°,30° 以内,前板对后板的遮挡率变化并不大,相对正南向的遮挡率增加可以控制在 0.42% 以内;同时辐照强度影响也并不剧烈,辐照强度的衰减率可以控制在 0.6% 以内。

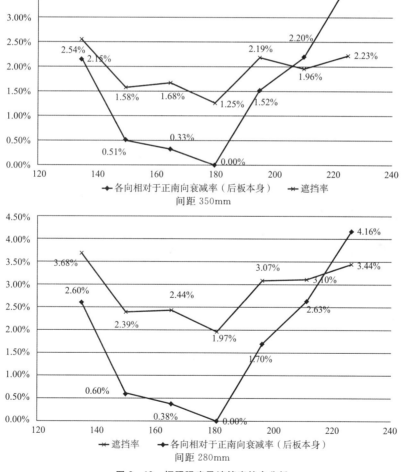

图 2-13　辐照强度及遮挡率综合分析

在广州地区,屋顶安装方位角可以推荐150°~180°。

2.3.5 小结

经过对方位角的分析,传统意义上的正南向对于获得较高效率有着积极作用,一般项目中应当尽量保持,在无法兼顾建筑和光伏板安装方位角的情况下,光伏板的安装方位角推荐在表2-19所示的范围内进行调整。

表2-19 平屋面光伏组件方位角度变化范围推荐值

地区	安装倾角等级	推荐方位角变化范围
上海	25°	150°~180°(南偏东30°至正南)
北京	35°	150°~180°(南偏东30°至正南)
沈阳	40°	180°~210°(南偏西30°至正南)
广州	15°	150°~180°(南偏东30°至正南)

2.4 弧形屋面的布置优化研究

针对现代建筑弧形屋面的特质,笔者研究了弧形屋面宜布置光伏组件的合理屋面区域。

现代建筑屋顶形式多变,弧形屋顶由于其独特的设计感,被广泛用于各种商业、体育建筑之中,弧形屋顶由于其弧度变化,光伏板设置变得困难。弧形屋顶上,何处才是适宜光伏组件布置的区域,有着重要的研究价值。

陡弧度屋顶

平弧度屋顶

图2-14 弧度屋顶

弧度类别按长宽轴比设置五种比例,分别为:1:0.25,1:0.5,1:1,1:2,1:3。如图2-15所示,具体计算时区分南北朝向与东西朝向。分析区域有上海、北京、沈阳和广州。

一般屋顶在最佳角度布置下的年辐照强度值约为1400kW·h/m²,由于弧形设置不存在相互遮挡,不存在遮挡产生的效率下降,其辐照强度约等于其实际发电效率。进一步分析中,以1000kW·h/m²(约最佳角度铺设的70%)为及格线,分析弧度屋面合理设置弧度的位置。

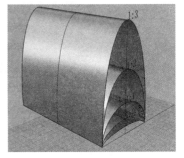
图2-15 弧形屋面—不同弧度的变化

2.4.1 弧形东西向辐照分析

弧形屋顶东西向,即弧形屋面一侧朝西、另一侧朝东。

(1)上海

上海的分析模型如图 2-15 所示。弧形屋顶东西向,即弧形屋面一侧朝西、另一侧朝东。表 2-20 所示为各个轴长宽比不同时,户型屋面接收到的辐照强度平均值,轴长宽比越小,即越平坦,越有助于获得较高的辐照强度。

表 2-20 不同轴长宽比时的辐照量

轴长宽比	1:3	1:2	1:1	2:1	4:1
平均值/(kW・h/m²)	877.40	1 045.47	1 091.85	1 191.31	1 247.80

图 2-16 为各弧形屋面的各弧度辐照曲线。

为了使屋面的辐照强度达到 1000kW・h/m² 以上,屋面弧形角度的法线与水平面夹角宜大于以下倾角:

轴长宽比 1:3 时,西向 33.18°,东向 22.18°;

轴长宽比 1:2 时,西向 35.89°,东向 24.26°;

轴长宽比 1:1 时,西向 36.12°,东向 24.47°;

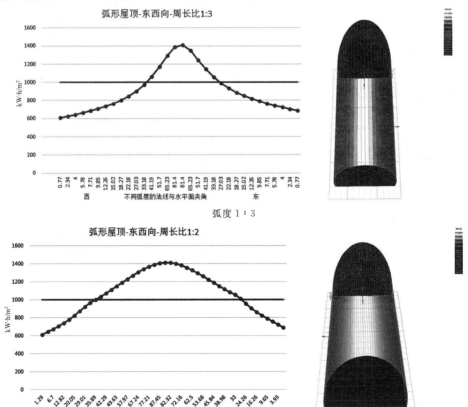

弧度 1:3

弧度 1:2

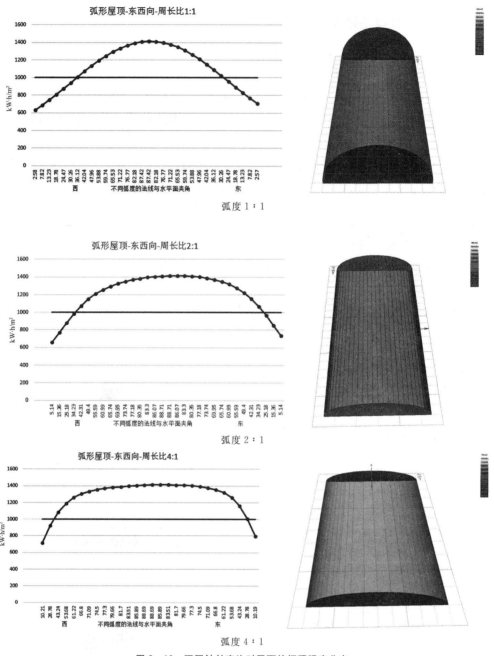

图 2-16 不同轴长宽比时屋面的辐照强度分布

轴长宽比 2:1 时,西向 34.23°,东向 25.18°;

轴长宽比 4:1 时,西向 36.20°,东向 28.78°。

由以上结果可知,东向更加适宜光伏组件的布置。西向宜大于 36.2°,东向应大于 28.8°。

(2)北京

分析模型同上海类似,布置相同的弧形比例。

表 2 - 21　不同轴长宽比时的辐照量

轴长宽比	1:3	1:2	1:1	2:1	4:1
平均值/(kW·h/m²)	942.49	1 121.15	1 173.04	1 278.91	1 339.03

由计算结果可以得到,为了使屋面的辐照强度达到 1 000kW·h/m² 以上,屋面弧形角度的法线与水平面夹角宜大于以下倾角:

轴长宽比 1:3 时,西向 33.18°,东向 22.18°;

轴长宽比 1:2 时,西向 33°,东向 24.26°;

轴长宽比 1:1 时,西向 33.62°,东向 24.47°;

轴长宽比 2:1 时,西向 34.23°,东向 25.18°;

轴长宽比 4:1 时,西向 33.74°,东向 28.78°。

由以上结果可知,东向更加适宜光伏组件的布置。其中西向应大于 33.7°,东向应大于 28.8°。

(3)沈阳

沈阳采用相同的分析模型,表 2 - 22 显示了不同轴长宽比弧形屋面接收到的平均辐照强度。由表 2 - 22 可知,弧形屋面越平坦,越有利于接收太阳辐照强度。

表 2 - 22　不同轴长宽比时的辐照量

轴长宽比	1:3	1:2	1:1	2:1	4:1
平均值/(kW·h/m²)	911.32	1 055.90	1 095.88	1 172.98	1 215.86

由计算结果可以得到,为了使屋面的辐照强度达到 1 000kW·h/m² 以上,屋面弧形角度的法线与水平面夹角宜满足大于以下倾角:

轴长宽比 1:3 时,西向 18.27°,东向 39.19°;

轴长宽比 1:2 时,西向 20.05°,东向 38.98°;

轴长宽比 1:1 时,西向 18.78°,东向 39.04°;

轴长宽比 2:1 时,西向 19.18°,东向 38.31°;

轴长宽比 4:1 时,西向 19.78°,东向 39.24°。

由以上结果可知,西向更加适宜光伏组件的布置。其中西向宜大于 20.1°,东向应大于 39.3°。

(4)广州

广州采用相同的分析模型,表 2 - 23 显示了不同轴长宽比弧形屋面接收到的平均辐照强度。由表 2 - 23 可知,弧形屋面越平坦,越有利于接收太阳辐照强度。

表 2 - 23　不同轴长宽比时的辐照量

轴长宽比	1:3	1:2	1:1	2:1	4:1
平均值/(kW·h/m²)	689.08	815.49	857.36	935.89	987.8

由计算结果可以得到,为了使屋面的辐照强度达到 1 000kW·h/m² 以上,屋面弧形角度的法线与水平面夹角宜满足大于以下倾角:

轴长宽比 1:3 时,西向 68.4°,东向 62.23°;

轴长宽比 1：2 时，西向 67.24°，东向 62.5°；

轴长宽比 1：1 时，西向 69.22°，东向 62.3°；

轴长宽比 2：1 时，西向 68.95°，东向 62.99°；

轴长宽比 4：1 时，西向 69.09°，东向 63.22°。

由以上结果可知，东向更加适宜光伏组件的布置。其中西向应大于 69.2°，东向应大于 63.2°。

2.4.2 弧形南北向辐照分析

弧形屋顶南北向，即弧形屋面一侧朝南，另一侧朝北。

（1）上海

上海分析模型如第一节，表 2-24 是各个轴长宽比不同时，弧形屋面接收到的辐照强度平均值，轴长宽比越小，即越平坦，越有助于获得较高的辐照强度。

表 2-24　不同轴长宽比时的辐照量

轴长宽比	1：3	1：2	1：1	2：1	4：1
平均值/(kW·h/m²)	849.19	1 024.48	1 075.61	1 188.24	1 242.74

图 2-17 为各个弧形屋面的各弧度辐照曲线。

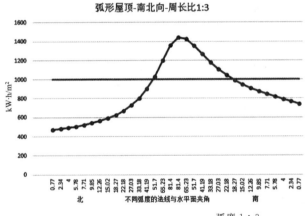

弧度 1：3

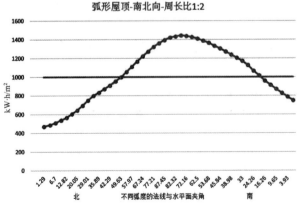
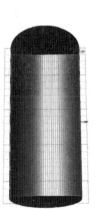

弧度 1：2

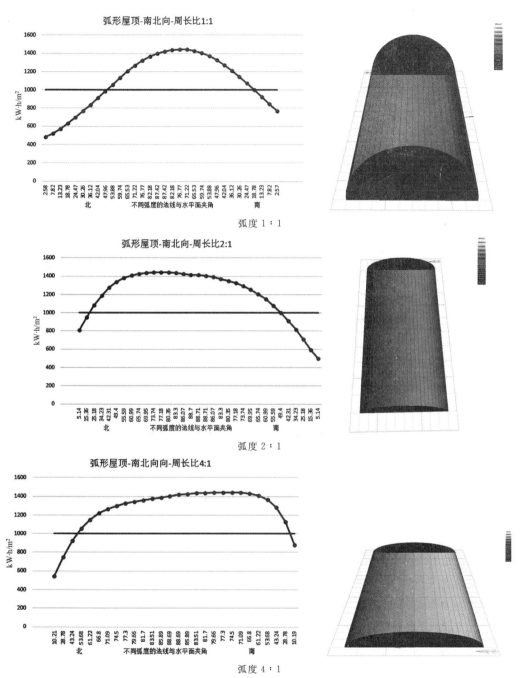

图 2-17　不同轴长宽比时屋面的辐照强度分布

为了使屋面的辐照强度达到 $1000kW \cdot h/m^2$ 以上,屋面弧形角度的法线与水平面夹角宜大于以下倾角:

轴长宽比 1:3 时:南向 $18.27°$,北向 $51.7°$;

轴长宽比 1:2 时:南向 $18.49°$,北向 $53.68°$;

轴长宽比 1:1 时:南向 $18.92°$,北向 $53.88°$;

轴长宽比 2：1 时：南向 19.36°，北向 49.4°；

轴长宽比 4：1 时：南向 19.90°，北向 53.68°。

由以上结果可知，南向更适宜布置光伏组件，南向布置角度宜大于 19.90°，北向宜大于 53.88°。

（2）北京

北京采用相同的分析模型，表 2 - 25 显示了不同轴长宽比弧形屋面接收到的平均辐照强度。与南北向相同，弧形屋面越平坦，越有利于接收太阳辐照强度。

表 2 - 25　不同轴长宽比时的辐照量

轴长宽比	1：3	1：2	1：1	2：1	4：1
平均值/(kW·h/m²)	949.20	1 116.75	1 172.40	1 284.15	1 336.97

由计算结果可以得到，为了使屋面的辐照强度达到 1 000kW·h/m² 以上，屋面弧形角度的法线与水平面夹角宜大于以下倾角：

轴长宽比 1：3 时：南向 0.77°，北向 56.3°；

轴长宽比 1：2 时：南向 1.29°，北向 57.97°；

轴长宽比 1：1 时：南向 2.57°，北向 56.70°；

轴长宽比 2：1 时：南向 5.14°，北向 55.59°；

轴长宽比 4：1 时：南向 10.19°，北向 56.22°。

南向更适宜布置光伏板，南向布置角度宜大于 10.19°，北向宜大于 57.97°。

（3）沈阳

沈阳采用相同的分析模型，表 2 - 26 显示了不同轴长宽比弧形屋面接收到的平均辐照强度。与南北向相同，弧形屋面越平坦，越有利于接收太阳辐照强度。

表 2 - 26　不同轴长宽比时的辐照量

轴长宽比	1：3	1：2	1：1	2：1	4：1
平均值/(kW·h/m²)	824.38	979.76	1 033.30	1 136.99	1 191.73

由计算结果可以得到，为了使屋面的辐照强度达到 1 000kW·h/m² 以上，屋面弧形角度的法线与水平面夹角宜大于以下倾角：

轴长宽比 1：3 时：南向 9.85°，北向 65.23°；

轴长宽比 1：2 时：南向 9.65°，北向 67.24°；

轴长宽比 1：1 时：南向 11.23°，北向 65.53°；

轴长宽比 2：1 时：南向 12.36°，北向 65.74°；

轴长宽比 4：1 时：南向 10.19°，北向 66.8°。

由以上结果可知，南向更适宜布置光伏板，南向布置角度宜大于 12.36°，北向宜大于 66.74°。

（4）广州

广州采用相同的分析模型，表 2 - 27 显示了不同轴长宽比弧形屋面接收到的平均辐照强度。与南北向相同,弧形屋面越平坦,越有利于接收太阳辐照强度。

表 2-27　不同轴长宽比时的辐照量

轴长宽比	1:3	1:2	1:1	2:1	4:1
平均值/(kW·h/m²)	651.66	782.15	822.50	908.31	949.94

由计算结果可以得到,为了使屋面的辐照强度达到 1 000kW·h/m² 以上,屋面弧形角度的法线与水平面夹角宜大于以下倾角:

轴长宽比 1:3 时,屋面倾角大于南向 48.7°,北向 78.4°;

轴长宽比 1:2 时,屋面倾角大于南向 45.84°,北向 77.21°;

轴长宽比 1:1 时,屋面倾角大于南向 47.96°,北向 76.77°;

轴长宽比 2:1 时,屋面倾角大于南向 49.4°,北向 77.18°;

轴长宽比 4:1 时,屋面倾角大于南向 49.68°,北向 77.3°。

南向更适宜布置光伏板,南向布置角度宜大于 49.68°,北向宜大于 78.4°。

2.4.3　小结

纬度越低的地区,东西向弧形屋顶接受的辐射越均匀;南北侧南边较好,南侧相比北侧存在 30°以上的布置角度差。

通过不同弧形比例的分析,不管弧形比例变化,弧形法线与水平面夹角可以作为一个针对适宜布置区域不变的参考量。通过比较分析,如果为弧形屋顶,各朝向屋面倾角的角度不应低于表 2-28 所示值,才能确保布置的光伏组件获得 1 000kW·h/m² 以上光照强度。

表 2-28　弧形屋面倾角的法线角度推荐值

地区	安装倾角等级	东向	西向	南向	北向
上海	25°	>28.8°	>36.2°	>19.9°	>53.9°
北京	35°	>22.8°	>33.7°	>10.2°	>57.8°
沈阳	40°	>19.3°	>20.1°	>12.4°	>66.8°
广州	15°	>63.2°	>69.2°	>49.7°	>78.4°

2.5　光伏板背板通风腔的高度优化研究

针对目前光伏建筑一体化中忽略背板通风空腔高度的问题,研究了光伏板背板通风腔的高度对于背板温度影响,并提出了改进方案建议。

2.5.1　概要

许多学者已经对安装在屋顶上的光伏组件热性能和电性能进行了研究,但是对通风腔的设计研究却很少。尤其在工程应用中,通风腔的深度(即光伏阵列与屋顶平面之间的距离)主要通过经验进行设计,缺乏理论模型基础,存在一定的随意性,从而阻碍了光伏建筑一体化的优化:通风腔深度设计不足会降低光伏系统效率,通风腔深度设计过大会造成光伏阵列支架结构材料浪费。

目前,光伏组件的热模型可以分为稳态模型和非稳态模型。

(1)稳态模型

稳态模型可以给出一些结构参数和给定的操作参数对系统性能的影响,对系统的年产出和日产出进行预测。NOCT(Nominal Operating Cell Temperature,标准操作温度)模型是一种典型的预测太阳能电池操作温度的稳态模型。太阳能电池的 NOCT 是太阳能电池组件在辐射度为 $800W/m^2$、环境温度为 $20℃$,风速为 $1m/s$ 环境条件下的太阳能电池操作温度。ASTM 标准 E1036M Annex A1 中对用标准电池操作温度来预测太阳能电池操作温度进行了说明。但是 NOCT 模型的应用也有局限性:光伏组件两侧必须有相同的环境温度和风速,总传热系数为常数,即太阳能电池操作温度和环境温度之差与太阳辐射成线性关系。虽然 NOCT 模型用于预测光伏组件的温度应用很广泛,但是从 NIST(National Institute of Standards and Technology)的测量数据来看,该模型所预测的光伏组件操作温度存在较大误差,最大可达 $20℃$。Stewart 等建立了一种用于分析不同类型太阳能电池板的热流动和操作温度的一维稳态模型,该模型分析了不同环境温度、太阳辐射、安装倾角和安装方式对太阳能电池操作温度的影响;对平衡状态下太阳电池的正面和背面的对流和辐射热损失也给出了定量分析。将该模型应用于分析 Adelaide 光伏屋顶太阳能电池阵列的操作温度,其与实际测量值误差在 $4℃$ 以内。目前,South Australia 大学正在应用该模型进行相变材料储能系统的研究。

何伟等通过能量守恒,建立了光伏组件的一维稳态模型。应用该模型对有通风流道的光伏墙体和直接贴墙的光伏墙体建立了各自的数理模型,并在我国香港地区建立了两种不同自然冷却方式的光伏墙体的对比实验台进行对比实验,通过实际环境中的实验数据与模型的计算结果的比较,以确定模型的精确性和光伏墙体的实际效率以及传热性能的变化。

Brinkworth 等采用稳态模型研究了这种安装方式中的传热和流体流动问题,提出了计算通风腔中浮升力和质量流量的方法,与实验测量误差在 10% 以内,进一步研究表明,通风腔长度与水力学直径的比值为 20 时,可获得最佳的通风腔深度,且这个比值不受其他因素的影响,如光伏组件倾角等。

(2)非稳态模型

由于光伏组件本身热容的存在,稳态模型不能用来研究辐照度的瞬时变化对光伏组件的温度变化的影响。而非稳态模型则可以对系统性能随时间的变化关系进行预测,给出比稳态模型更为详细的信息。Jones 等用非稳态模型来研究光伏组件的温度变化,该模型是一个光伏组件的温度依照天气状况随时间变化的微分方程。其中能量传递的变量表达式包括:短波辐射、长波辐射、热对流和输出的电能。采用真实的天气状况通过模型计算光伏组件的温度,并与实验值相比较,结果表明:综合的传热模型所得的计算结果与实验所测的光伏组件的温度随辐照度的变化有很好的一致性。但用该模型预测的光伏组件的温度与实测的光伏组件的温度也存在一定的误差,实验结果表明:在阴天状态下,95% 的时间里用该模型预测的模板温度与实际测量值相差在 5℃ 以内。Davis 等在 NOCT 模型的基础上,提出了一种用于预测光伏组件操作温度的一维非稳态模型,该模型假设被光伏组件吸收的太阳辐射除了转化为电能的部分全部转化为热能。热能通过热传导的方式被传到光伏组件表面,表面上的热量以热对流和热辐射的方式传到环境中。将该模型和 NOCT 进行了比较,结果表明:该模型更能精确地预测光伏组件的操作温度,尤其在光伏组件与建筑物之间安装绝热板时,用该模型预测的温度将更准确。Li mei 等提出了一种适用于通风 PV 表面的一维非稳态动力学模型。该数字模型能够很容易的和其他动力学模拟程序(例如 TRNSYS)相结合通过对比 Barcelona 附近的 Mataro 实验室的 6.5m 高的光伏建筑的实验数据来验证该模型,结果表明:用该模型预测的空气温度和实测的空气温度吻合得很好。日本的 Yutaka Genchi 等建立了光伏系统的非稳态能量平衡模型,用于评价光伏系统大规模应用对东京城市热岛效应的影响。

2.5.2　实测分析

为研究光伏组件实际背板温度,同时为数值模拟研究提供一个对比,课题组对位于上海世博园区的原上海案例馆——沪上生态家屋顶光伏板的背板温度进行了实测。测试对象为五楼屋顶的南侧坡屋顶光伏板,如图 2-18 所示。

图 2-18　沪上生态家光伏板布置屋顶

该光伏板阵列布置朝向为正南,为薄膜太阳能电池,布置倾角 30°,与坡屋顶平行,光伏组件尺寸长 1 300mm,宽 1 100mm,厚 15mm。整个区域横向布置 8 块,纵向布置 4 块。光伏组件背板下设有通风腔,通风腔高度 10cm,横向间距 14cm,纵向间距 8cm,以上数据均为实际测量所得,实物如图 2-19 所示。

背板温度实测采用红外热像拍照测试方法,拍摄所用仪器为 FLiRT610 专业型红外摄像仪,标准测温范围 −40～＋150℃／＋100～＋650℃,精度 ±2℃ 或读数的 ±2％,该仪器见图 2-20。

图 2-19 光伏板间距参数

拍摄时间选择上海最热月份 7 月下旬,在 7 月 22 日至 7 月 29 日中午 12 时至 16 时期间连续进行拍摄,剔除中间阴雨天气,抽取天气晴朗的典型照片进行分析。

图 2-21 左侧照片基于的条件是:7 月 24 日下午 2 时,当日当时气温 33℃,周边风速 2.9m/s,由红外热像仪显示的背板温度平均温度达到 54.5℃,比气温高出 21.5℃。

图 2-20 红外热像测试仪

图 2-21 右侧照片基于的条件是:7 月 28 日下午 15 时,当时气温 37℃,周边风速 3.2m/s,由红外热像仪显示的背板平均温度达到 58.1℃,高出当时气温 21.1℃。

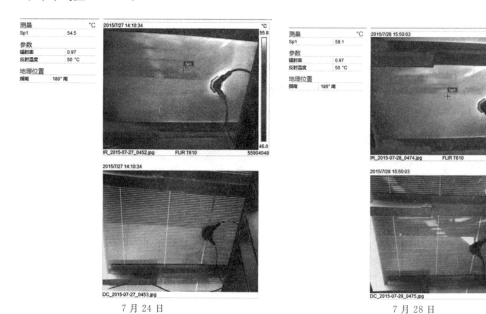

7 月 24 日   7 月 28 日

图 2-21 光伏板背板红外热像照片

实际测试结果表明,在上海夏天 7 月份较为炎热的气候条件下,光伏板的背板平均温度高出周边气温 20℃以上。查得测试目标组件的标准工作温度为 46℃±2℃,太阳能电池的标准操作温度(NOCT)的环境条件是辐射度为 $800\ W/m^2$,环境温度为 $20℃$,风速为 $1m/s$ 的环境条件下太阳能电池的操作温度[5]。实际测试条件相对恶劣,故背板温度均超过标准温度 $10℃$ 以上。

2.5.3　可靠性分析

(1)模型

根据上海沪上生态家五楼南侧坡屋顶上布置的光伏板形式,建立模型如下,光伏板组件长 $1\,300mm$,宽 $1\,100mm$,厚 $15mm$,屋顶及倾角均为 $30°$,横向布置 8 块(分别为第 1 列至第 8 列),纵向布置 4 块(分别为第 a 排至第 d 排),严格按照实际尺寸进行建模,大致布置形式如图 2－22。

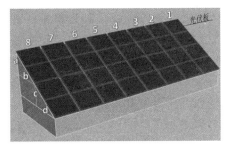

图 2－22　仿真模型

(2)参数及软件

在上海地区夏季晴朗天气时峰值能达到 $1\,000W/m^2$ 以上,太阳辐射强度 G 在中午 12－14 时达到最高,且随天气及时间的变化其值变化范围较大。

图 2－23 为《中国建筑热环境分析专用气象数据集》中上海典型年气象数据 7 月 22 日至 7 月 30 日的日辐照强度分布,其每日的最高峰值分布于 $600\sim1\,000W/m^2$,平均值为 $855W/m^2$。本次分析以此为依据,假定计算时刻的太阳总辐射强度为 $850W/m^2$,电板的发电量为 $150W/m^2$。

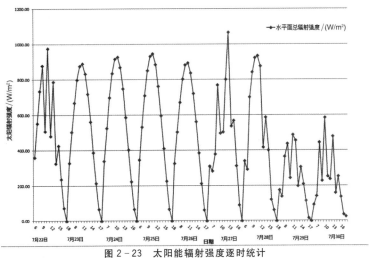

图 2－23　太阳能辐射强度逐时统计

光伏组件表面温度与其热工性能有很大关系,且不同板材的参数变化较大。为了计算简便,课题分析研究中假定光伏电池的吸收率 $\alpha=0.9$,光伏组件盖板透过率 $\tau=0.85$。则太阳能辐射量为

$$G' = \alpha \cdot \tau \cdot G$$

式中,G 为太阳总辐射强度,单位为 W/m^2。

同样参考《中国建筑热环境分析专用气象数据集》,得到上海夏季典型风向 SE,风速 3.4m/s,大气温度按实测值 33.0℃ 设置。

课题研究计算使用 FLUENT 软件,是一种工程运用的 CFD 软件,需要 GAMBIT,ICEM 等前处理软件为其提供网格。本次模拟中将空气视为不可压缩流体。

(3)可靠性分析

根据前述模型及条件设置,进行数值模拟得到光伏板阵列的温度分布情况。可以看到,光伏板前板与背板的温度相差较大,前板由于风速流动顺畅,平均温度 48℃,迎风方向的光伏板组件温度更低,仅为 40℃,远端的温度稍高,接近 55℃。背板温度比前板温度基本高出 10℃,平均温度接近 63℃,最高温度位于距风向最远端组件表面,接近 70℃,最低位于迎风处,约 45℃。实测拍摄部分是图中第 4 列第 c 块,其平均温度 57.3℃,温度分布与实际拍摄较为接近。相比实测温度 54.5℃ 与 58.1℃,两者的相差比例值为 4.8％ 与 0.7％,可以近似认为以此模型及参数条件进行进一步数值分析的结果具有一定的可靠性。

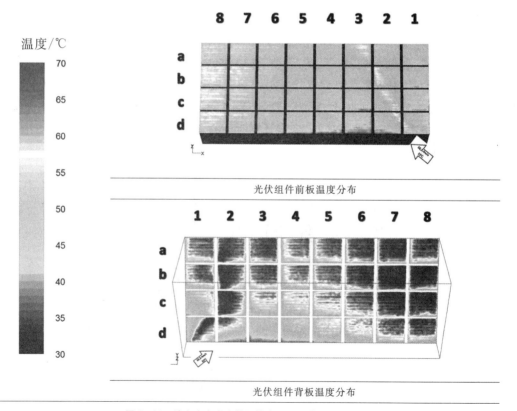

图 2-24　沪上生态家光伏组件表面温度模拟结果

2.5.4　通风腔布置分析

在实测分析中,对 10cm 通风腔光伏组件的背板温度进行了红外热像拍照与模拟分析。在模拟可靠性得到验证的基础上,增加影响散热的变化因素:通风腔高度,进一步研究通风腔高度对背板温度分布的影响,建立计算 Case 如表 2 - 29 所示。

表 2 - 29　计算 Case 设置

	Case1	Case2	Case3	Case4
通风腔高度/cm	10	20	30	40

首先建立相同计算模型,设立边界条件,最后进行后处理,此内容与上一节类似不再赘述。对模拟结果进行后处理如图 2 - 25 所示。

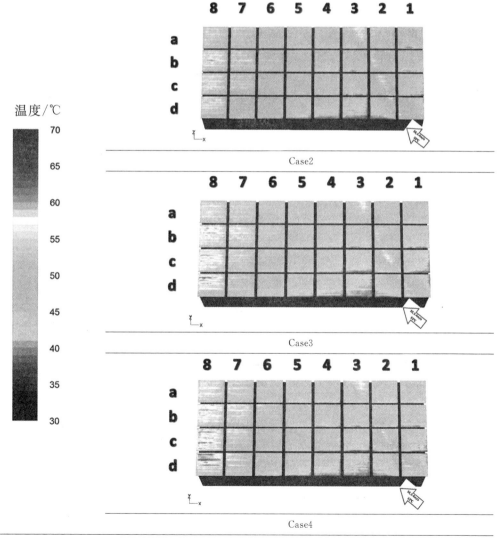

图 2 - 25　不同通风腔高度前板温度分布

图 2-26 为不同计算 Case 的光伏板正面温度分布。正面表面平均温度为 43.2℃,高出环境温度 10.2℃。在光伏板正面可以看到风行进方向上组件表面温度由于受到自身发热量的影响而越来越高。但同时可以发现 Case2,Case3 与 Case4 的表面温度分布并无多大差别,可见通风腔高度变化对正面光伏组件的温度分布影响并不明显。

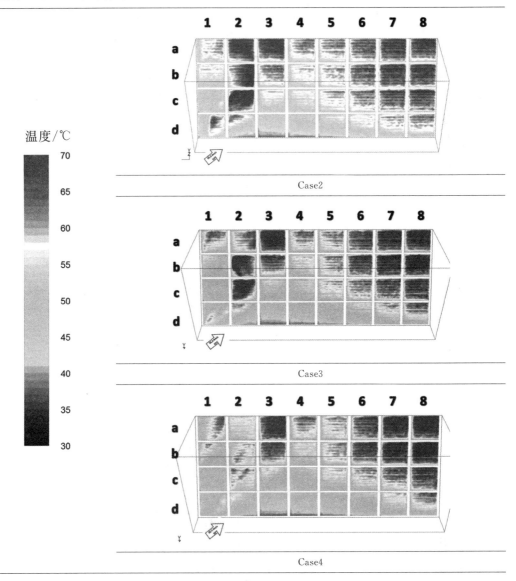

图 2-26　不同通风腔高度前板温度分布

通风腔高度变化的主要影响位于组件背面。图 2-27 为组件背板温度。在光伏板背面,组件表面温度普遍较高,高出正面温度 10℃以上,高出环境温度近 20℃,这与实测相近。在风行进方向上,靠近迎风且位于外侧的光伏板温度较低。光伏板组件之间的间距仅能影响极小一部分区域。结合 Case1,当通风腔高度增加时,背面高温区域的比例相对减少。Case4(40cm 通风腔)的背板温度相比其他几个 Case 明显降低。

　　图 2-27 为各个组件在不同温度区间中的百分比。从比例图中可以更加明显观察到通风腔高度变化带来的温度分布变化。在 40～50℃ 相对较低的温度区间内，高通风腔的高温度所占比例均要大于低通风腔。在 40～45℃ 区间通风腔高度每增加 10cm，这一比例就提高 2％；在 45～50℃ 区间内通风腔高度每增加 10cm，这一比例就提高 1％。而在 60～70℃ 这一较高温度区间内，高通风腔的高温度比例要低于低通风腔。在 60～65℃ 这一区间通风腔高度每增加 10cm，高温度的比例平均要小 3％，在 65～70℃ 这一区间高温度区的比例平均要低 1％。这说明通风腔高度增加对控制高温区域、增大低温区域的比例有着较好的作用。

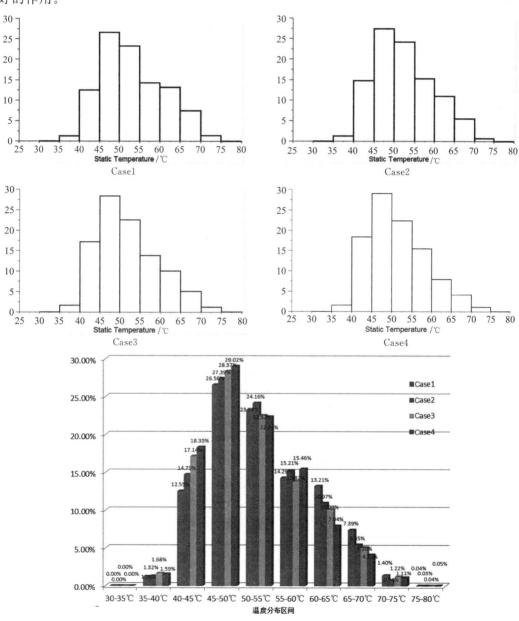

图 2-27　光伏组件背板温度分布

另外,从模拟所得的温度分布结果中可以发现另一规律,背板温度明显降低主要集中在第二列光伏板,对距离较远的光伏组件改善程度并不如前者明显。这证明在光伏组件布置中,通风腔高度的改善在风行进方向存在一定有效距离。

图 2-28 显示了每个通风腔高度中各列光伏组件的平均温度。在本次模拟中,风向东南,即风基本由第 1 列吹往第 8 列,由第 d 排吹向第 a 排。着眼单个 Case 的平均温度走向,整体的温度分布在前期会有这样一个有趣的变化过程。从图 2-28 中可发现温度在第 2 列有所上升,随之下降并呈现逐步上升的整体趋势。这从流态上可以解释为当风刚进入通风腔存在一定程度紊流流态,热量未有效往下风向传递形成热堆积,造成第 2 列温度过高。但就在第 2 列,通风高度的增加对温度的降低幅度最大,Case4 相对 Case1 降低了近 5℃。之后由于来风也从 d 列吹入,第 3 列、第 4 列光伏组件收益于前列的影响,温度有较大回落,最低温度出现在第 4 列。随后在获得较低点温度后稳步提升。之后,通风腔高度变化带来的温度下降程度趋于一种稳定,每增加 10cm 通风腔高度,温度可降低 2℃。

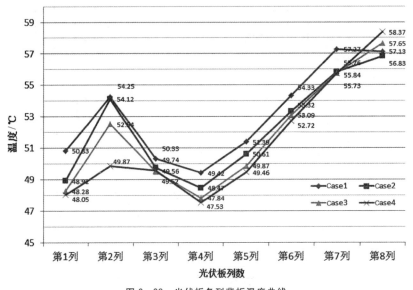

图 2-28　光伏板各列背板温度曲线

从以上分析可以得出,通风腔内空气流动的促进背板温度降低存在一个"S"型规律,在这一"S"区间内,通风高度的提升可以获得最佳的温度降低作用,并且能使得背板温度获得相对低值。在这"S"区间外,通风腔的背板温度降低能力趋于稳定,但不如"S"区间显著。在此案例中,由于组件尺寸为长 1 300mm,宽 1 100mm,这一"S"区间长度约为 4.5m。若能利用间距变化使光伏阵列频繁出现"S"区间,则可以降低光伏阵列的背板温度,提高发电效率。

2.3.5　优化布置分析

(1)建模

以上分析中发现,连续布置光伏组件会使下风向光伏板的背板散热产生问题,同时发现在风的进行方向上,从第四块面板后,背板温度急剧上升,故应该在第四块光伏组件与第五块光伏组件之间增大一定间距,以图 2-29 所示为 1.5m,加强空气对流增加换热。为此增设以下计算工况,分析不同背板间距条件下,增加间距后光伏板的背板温度改善情况。

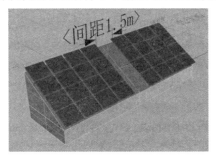

图 2-29　增加间距情况示意

具体计算 Case 如表 2-30 所示。

表 2-30　分析 Case

	Case5	Case6	Case7	Case8
通风腔高度(cm)	10	20	30	40
增设位置	第四排、第五排之间			
间距大小	1.5m			

(2)分析

图 2-30 的 Case8 是在 40cm 通风腔高度下,光伏组件增加 1.5m 通风间距后光伏组件正面及背板的温度分布。对比发现,温度分布较上一节 Case4,Case8 温度分布要更加均匀,且温度有较明显的下降。光伏组件的正面温度,差别已经相当明显,背板温度之间的差别巨大。背板温度在来风方向上,第 4 列相比第 1 列、第 2 列温度较高,但第 5 列又返回至第 1 列相同的温度分布。这一现象可以归功为光伏组件中间加设间距后的效果。

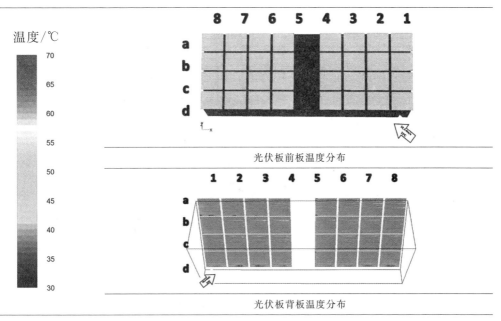

图 2-30　Case8 的温度分布

图 2-31 为相同设置情况下,光伏组件中间设置间距与未设置间距的温度分布折线,从图中可以更加明显地看出两者的温度差异。设置通风间距后,各列组件的平均温度都得到不同程度的降低。针对第 7 列、第 8 列光伏组件温度较高的现象,增设间距后,远离迎风端的光伏组件的背板温度并没有随着距离的增加而呈现线性增长,整体温度分布平稳。第 5 列至第 8 列的温度分布与第 1 列至第 4 列相似,同时第 1 列至第 4 列的温度分布波动范围也得到缩小,证明增设间距得到了较好的降温效果。

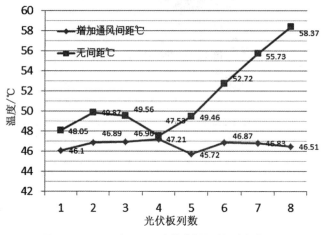

图 2-31　Case4 与 Case8 光伏背板平均温度折线图

图 2-32～图 2-34 分别是各个通风腔高度的 Case 增设通风间距后光伏组件的温度分布,可以看到,与未设通风间距的 Case1～Case4 相比,各个面板的温度更均匀下降,且温度有更低的趋势。此外,见 Case5～Case8,背板温度也略有下降。

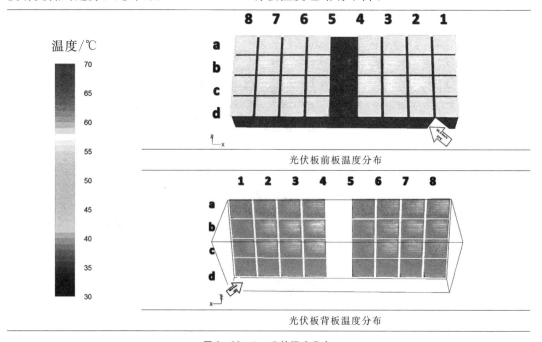

图 2-32　Case5 的温度分布

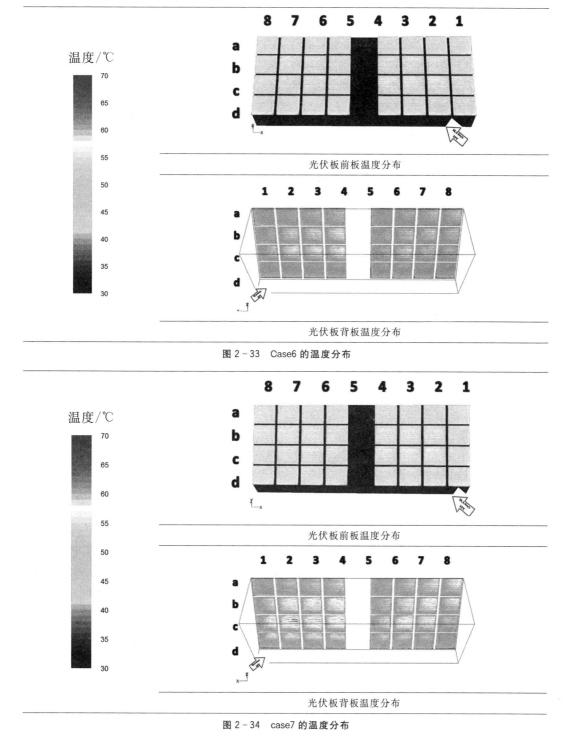

图 2 - 33　Case6 的温度分布

图 2 - 34　case7 的温度分布

图 2 - 35 为 Case5~Case8 的的温度分布,相比 Case1~Case4,第 5 列至第 8 列的改善幅度最明显。同时,可以发现几个 Case 的温度分布类似,说明增设这一水平通风间距后,对各个通风腔高度的温度分布均产生作用。

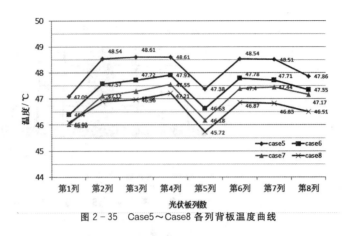

图 2-35　Case5～Case8 各列背板温度曲线

2.3.6　小结

本节介绍了对上海沪上生态家实际坡屋顶布置太阳能光伏组件的温度分布实测,将测试结果与数值模拟分析进行比对,获得较准确且具有一定可靠性的分析模型。在此基础上,对光伏板背板通风腔的高度变化进行数值模拟,将模拟结果中的背板温度进行分析,得到以下一些有价值的结果:

(1)在上海气象条件下,夏季炎热时间段,薄膜太阳能电池的光伏板背板平均温度可达到 54～58℃,相比气温可超出近 21～25℃。

(2)通风腔高度的提升对光伏板正面温度几乎无影响,对背板温度的降低有着显著作用,但这一作用存在一定有效距离。当来风趋于稳定后,每 10cm 通风腔高度的增大可平均带来约 2℃的温度降幅。

(3)若来风与光伏板组件呈一定角度,通风腔在风进入前段存在一个"S"区域,此区域内的气流呈紊态,能够加强气流与光伏板背板之间的换热,在这一区域增大通风腔高度能带来较大的温降,并能使光伏板背板温度相对较低,所以建议在光伏板布置中,每隔一定距离增大光伏板组件之间的间距,从而人为制造这"S"区域。在本次分析案例条件中,建议每隔 4.5m 增加光伏板组件之间的间距。

(4)针对光伏组件背板温度的线性上升现象,在开始线性上升处设置水平的通风间距,并随后对光伏组件的背板温度进行模拟分析。模拟分析后发现设置水平通风间距可以有效降低较远端的组件背板温度,第 7 列、第 8 列组件温度与第 5 列、第 6 列甚至第 1 列、第 2 列类似。在考虑屋顶平铺的光伏阵列中,应该合理加入水平通风间距。

(5)基于以上分析对于水平间距、通风腔高度以及合理的布置模块大小组合的推荐值见表2-31。

表 2-31　通风腔高度及布置间距推荐值

通风腔垂直高度/mm	水平通风间距/mm	合理光伏板模块/mm
100	1 500	5 000×5 000

本节模拟分析研究主要基于上海市气象参数及坡屋面这一形式,进一步研究可以通过对各地气象参数及平屋顶、角度安装等形式进行全面研究,从而得到更加广泛的结论。

第 3 章　太阳能热水系统建筑一体化设计研究

3.1　超薄多彩集热器的设计和一体化研究

在太阳能热水系统应用领域,集热器制造技术已经日趋成熟。太阳能集热器如何与建筑使用功能及建筑美观相结合,促进太阳能建筑一体化更科学实施的技术,成为研究重点。因此,太阳能热水系统与建筑一体化构配件技术显得非常重要,是解决建筑设计预留问题带来的安全、防水、美观等问题的重要方案。

平板集热器在近年发展迅速,市场推广份额逐年增长,且其与建筑结合的美观性很好,因此,建筑开发商一般要求选用平板集热器作为太阳能系统的集热部件。随着高层建筑的增多,利用建筑屋面进行太阳能集热器的布置很难满足住宅建筑以及公共建筑中酒店、医院等类型建筑的热水使用需求。因此需要发展阳台及墙面的集热器布置形式。这类集热器产品要求通过轻便化减少负载和掉落的风险,并要求与建筑外立面有很好的结合。针对这类要求,课题组研发出超薄多彩型平板集热器。

3.1.1　超薄多彩型太阳能集热器构件概述

(1)集热器安装对象

超薄多彩型太阳能集热器构件主要是针对建筑阳台面及墙面进行配置,集热器可与地面呈垂直至 75°布置。

(2)超薄多彩集热器产品特点

①集热器边框优化变薄后,集热器的性能测试符合国标要求;

②集热器边框变薄,能更好实现集热器在坡屋面上嵌入式安装;

③采用多彩膜层后,集热器外观能更好地根据建筑外观进行变化,更好地实现太阳能与建筑一体化结合。

(3)集热器尺寸规格

集热器长 2.0m±0.0022m,宽 1.0m±0.0013m,厚度 0.06m,外部构造如图 3-1 所示。

(4)集热器内部构造

集热器内部构造情况如图 3-2 所示。

3.1.2　超薄多彩平板集热器设计研究

(1)集热器的结构分析

平板型太阳能集热器是太阳能低温热利用的基本部件,也是太阳能市场的主导产品。平板型太阳能集热器主要由吸热体、透明盖板、保温层、外框和镀锌钢板等组成,如图 3-3 所示。

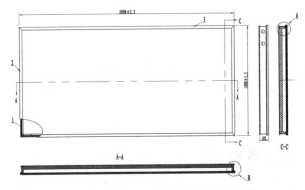

1—左边框(无孔);2—左右压条;3—上下压条

图 3-1　超薄多彩集热器外部构造

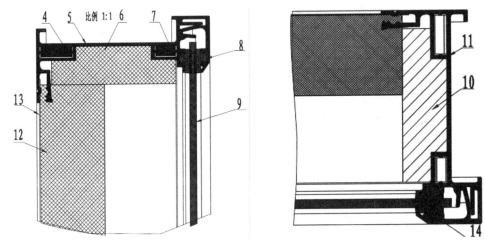

4—大角码;5—上下边框 2 000mm;6—上下聚酯保温棉;7—小角码;8—密封胶条 2 000mm;9—低铁超白布纹;
钢化玻璃;10—左右聚酯保温棉/有孔;11—右边框(圆孔);12—底部保温棉;13—镀锌板;14—密封胶条 1 000mm

图 3-2　超薄多彩集热器内部构造

图 3-3　常规集热器结构示意图

集热器的结构设计和材料选择对保证集热器热性能和机械性能非常重要,超薄多彩型集热器的设计根据集热器的结构特点和产品性能,对集热器主要结构参数进行优化,重点对集热器的吸热板膜层、保温层厚度、保温材料进行了设计和研究。

(2)集热器的保温材料选择

集热器根据使用要求需设置保温层以防止收集热量的散失。常用的保温材料划分为三类:纤维型、橡塑多孔型及硬质板材型。从综合性能上比较,纤维型优于硬质板材型,硬质板材型优于橡塑多孔型。三种类型的保温材料对生产工艺性的影响不同。其中岩棉、玻璃棉、二氧化硅气凝胶属于纤维型,亚罗弗、橡塑板属于橡塑多孔型,酚醛、聚乙烯属于硬纸板材,表 3-1 为常见保温材料的对比。

表 3-1　常见保温材料对比

	酚醛	聚乙烯	聚氨酯	聚苯乙烯	玻璃棉	岩棉	气凝胶
密度/(kg/m³)	41—100	22—30	25—40	30	24—48	40—60	3—250
耐热/℃	200	70—100	90—120	70	300	500	650
耐冷/℃	−180	−60	−110	−80	−60	−60	−60
导热系数/(W/m²·K)	0.022—0.033	0.029—0.035	≤0.023	0.033—0.044	0.03—0.042	0.033—0.04	0.025
可燃性	难	易	易	易	不	不	不
熔融	不	有	带火滴	带火滴	不	不	不
烟密度	2	68	51	66	0	0	0
气体毒性	C036 无	C07 无	C0353 有	有	0	0	0
抗老化性	最好	好	差	差	好	好	好
抗化学溶剂	好	好	差	差	差	差	中
吸水性/(kg/m³)	0.02	0.02	0.03	0.2	大	大	0.02
抗压强度/kPa	210—600	33	127	107	107	107	/
使用温度	−109~180	−80~60	−110~120	−80~75	/	/	/
成本	30~33 元/m²	14.8 元/m²			15 元/m²	20 元/m²	40~160 元/m²

酚醛泡沫是一种新型的可以提高平板太阳能集热器的高效保温材料。但加工过程中存在毒性,且成本高,与太阳能集热器的环保属性相违背。

聚苯乙烯、聚乙烯的导热系数小,但在温度高于 70℃ 时会变形收缩,影响它在集热器中的保温效果。

聚氨酯泡沫是比较理想的保温材料,但加工工艺复杂,一次加工成型,在平板集热器的加工过程中不好实现。

目前平板集热器的保温材料主要为玻璃棉、聚酯棉、岩棉等,具有成本低、成型好、体积密度小、耐腐蚀、化学性能稳定。但保温效果较差,且容易吸水,对平板集热器的性能影响较大。

气凝胶是一种高性能隔热保温材料,广泛应用于航空航天、建筑、新能源等领域,优点是:保温性能更好,适用温度较高,具有憎水性。缺点是:密度较大,价格较高,其使用范围为中温领域,优质气凝胶复合纤维保温材料(15mm 厚)价格为 160 元/m²,为目前常用保温材料聚酯棉的 6 倍。

图 3-4 是采用气凝胶做保温材料的平板集热器、传统真空管集热器、传统平板集热器的效率对比曲线。采用气凝胶做保温材料大大提高了平板集热器的保温性能,根据经验数据,保温层厚度可减少 1/2。

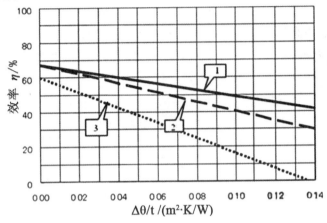

图 3-4 气凝胶保温平板集热器效率曲线对比

线 1、线 2、线 3 分别代表气凝胶做保温材料的平板集热器、传统真空管集热器、传统平板集热器的效率曲线。

气凝胶保温材料存在固体颗粒,属于无机性粉尘,对呼吸道危害较大,制作时需采取劳动保护措施。气凝胶保温材料为白色,作为平板集热器保温时需增加黑色保护膜,避免集热器内部出现白色线条,影响美观。其他工艺与常规集热器相同。

(3)集热器保温层的厚度设计

隔热保温层的厚度应根据选用的材料种类、集热器的工作温度、使用地区的气候条件等因素来确定。保温材料的导热系数越大、集热器的工作温度越高、使用地区的气温越低则保温隔热层的厚度就要求越大。一般来说,平板集热器底部保温隔热层的厚度选用 30~50mm,侧面保温隔热层的厚度与之大致相同。

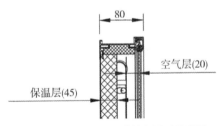

图 3-5 平板集热器剖面尺寸示意图

以市场上通用的常规平板集热器为例,平板集热器剖面尺寸示意图如图 3-5,总体厚度为 80mm,选用气凝胶作为保温材料后,平板集热器的保温层厚度可以相应减少,在保证集热器空气层尺寸不变的情况下,平板集热器总体厚度相应减少,集热器变薄。本课题研究的超薄集热器保温层设计厚度为 25mm,集热器总体厚度为 60mm,集热器总体厚度在原来的基础上减少 1/4。

制作的样机超薄平板集热器的重量为 35 kg,由于气凝胶保温材料的密度大,造成了在铝型材变薄、重量减轻的情况下整机重量略有增加(常规平板集热器重量为 34 kg)。

(4)多彩吸热体膜层研究

目前开发的多彩集热器是利用多彩膜层,通过调节磁控溅射的工艺和金属元素的组成来实现的,目前较成熟的为绿色、紫色,金色,红色等。多彩膜层在产品制作完成后,效果不明显,多彩膜层在钢化玻璃内部除在强光下颜色明显,光照条件弱的情况下颜色感偏弱,紫色集热器在强光下的效果如图 3-6。由于颜色的改变,集热器吸收比会相对降低,但吸热体涂层的吸收比不低于 92%。

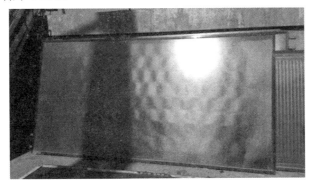

图 3-6 紫色集热器产品

多彩集热器要求与建筑外立面进行较好的结合,无反光现象,与建筑外立面色彩进行有效搭配。

3.1.3 建筑一体化的主要问题与解决措施

根据超薄多彩太阳能集热器的性能,针对多彩型集热器的以下问题进行分析,并给出解决措施。

(1)集热器效率降低及高反射率产生的眩光

多色彩集热器与常规集热器相比,由于吸热体的差别,吸收比有所降低,根据产品质量监测,其吸收比如表 3-2 所示。

表 3-2 不同颜色集热器吸热体吸收比情况

	常规集热器	绿色、紫色集热器	金色、红色集热器
吸收比	94%±2%	91%	87%
反射比	7%	9%	13%

因此在进行集热器设计时,一方面需通过补偿措施来满足供热需求,另一方面需要采取一定措施避免其他色彩集热器,尤其是金色和红色集热器产生的光污染。

主要的补偿措施是利用多彩集热器薄轻的特点,减小集热器设置角度作为补偿角度。根据上海市太阳能热水系统倾角与集热效果的变化情况(图 3-7),可知在 30°以上倾角时,随着倾角的增大,辐照折减率(设定角度条件下的太阳辐照量与最优倾角下太阳辐照量的比值)不断降低。

因此,可以通过安装倾角的调整以提高辐照折减率,从而提高集热效率。根据不同色彩集热器吸收比计算结果,绿色、紫色集热器通过角度调整可提高 3.3% 的集热效率,金色、红色集热器通过角度调整可提高 12.0% 的集热效率。

通过 TRNSYS 软件的不同倾角辐照量数据,可以计算得到不同倾角的集热器须按照

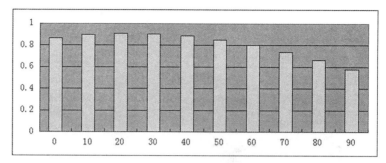

图 3-7 集热器倾角与辐照折减率的关系

表 3-3 中的角度进行补偿安装。

表 3-3 不同颜色集热器补偿角度

绿色、紫色集热器		金色、红色集热器	
计算倾角范围/°	补偿倾角/°	计算倾角范围/°	补偿倾角/°
80~90	-2.2	80~90	-8.2
70~80	-2.9	70~80	-10
60~70	-3.9	60~70	-10

对于光污染问题,主要是通过限制集热器安装角度来实现。根据研究,人的视角在 2 m 高 150°夹角内受光污染影响最大。

如图 3-8 可以看出,针对 150°角入射光,集热器在倾角 85°以下时,可以使光线平射,在 60°时可以使光线垂直反射。在新型集热器反射率较大的情况下,建议倾角设置在 60°~85°。

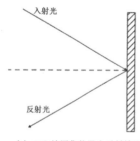
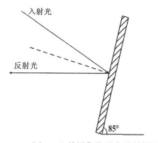
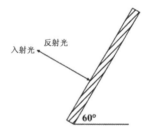

(a) 90°放置集热器光反射情况　　(b) 85°放置集热器光反射情况　　(c) 60°放置集热器光反射情况

图 3-8 不同倾角集热器的光反射情况

(2)阳台延伸支撑平台设计要求

集热器下方应设置集热器平台,由建筑立面向外延伸供集热器放置。如图 3-9 所示。

根据图 3-10 所示,对于超薄多彩平板集热器需要在建筑阳台上延伸出一段距离以便集热器倾斜一定角度放置。这部分延伸距离可以给集热器提供较好的倾斜角度,但由此会造成对下层集热器的遮挡影响,同时阳台外延距离也会造成一定的阳台空间浪费。

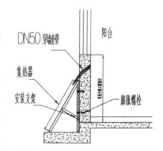

图 3-9 集热器的固定示意图

按照建筑层高 2.8m,阳台板厚度 0.1m 进行分析。

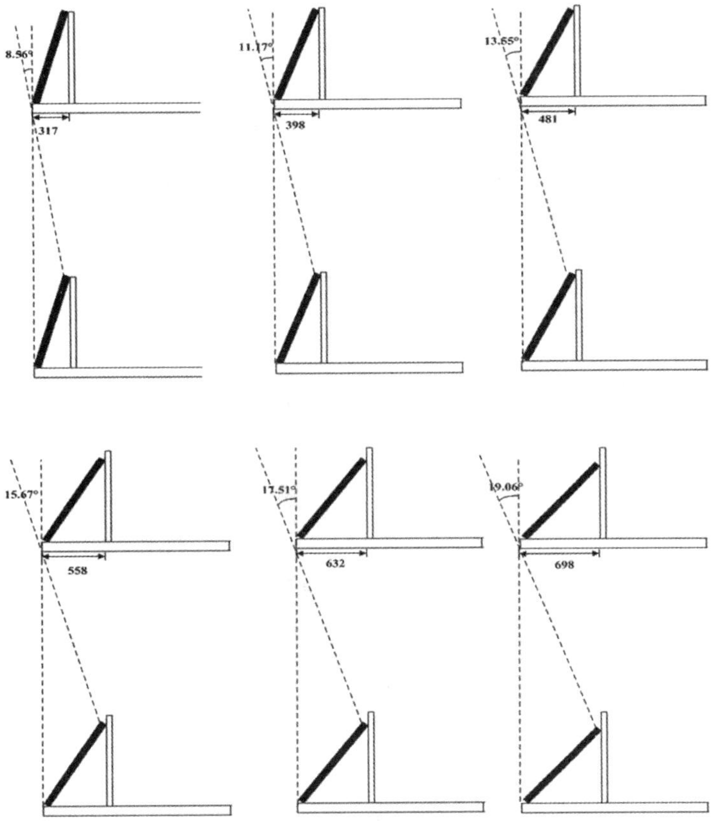

图 3-10 不同倾角集热器的光照遮挡情况

在 60°~85°集热器倾角条件下,上层对下层的遮挡影响以及阳台外延距离情况如表 3-4 所示。

表 3-4 不同集热器倾角条件下遮挡与阳台栏板内退距离

集热器倾角/°	60	65	70	75	80	85
遮挡范围/°	70.94~90	72.49~90	74.33~90	76.45~90	78.83~90	81.44~90
遮挡比例	21.18%	19.46%	17.41%	15.06%	12.41%	9.51%
阳台外延距离/mm	698	632	558	481	398	317

对比遮挡比例 α、辐照折减率 β、综合折减比例 $\gamma = \beta \times (1-\alpha)$,阳台外延距离与倾角的关系如图 3-11 所示。

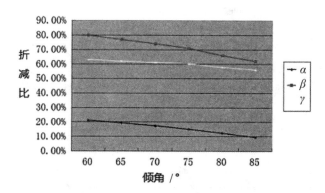

图 3-11　不同倾角条件对集热效果的影响

从图 3-12 中可以看出，γ 随集热器倾角增大而下降，可见太阳能入射角的影响程度大于上部阳台遮挡影响，尤其在 75°～80°下降斜率有明显增大。

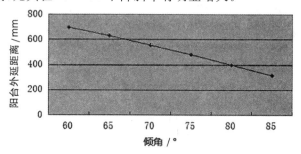

图 3-12　不同倾角条件对阳台外延距离的影响

而阳台外延距离随倾角的增加基本呈线性下降的曲线。建议集热器外延距离控制在 600mm 以内（参考空调支撑 600mm 以内不用计入建筑面积），即集热器倾斜角度在 70°以上。

综合倾角对集热效果和外延距离的影响，对于这类超薄多彩的阳台布置的平板集热器，最佳角度应在 70°～75°。

3.2　新型阳台栏板式聚光集热器的建筑一体化应用研究

随着阳台壁挂式家用太阳能热水系统在城市高层建筑的推广应用，结合建筑的特点和功能要求，部分省市根据全面推进绿色建筑发展的规划，编制了相关的太阳能热水系统建筑一体化设计图集，要求新建住宅建筑和集中供应热水的公共建筑全部按太阳能热水系统与建筑一体化要求设计。以《济南市太阳能热水系统建筑一体化设计图则》（以下简称《图则》）为例，为确保应用安全和建筑外表的协调美观，《图则》要求一体化设计理念贯穿到项目建设的全过程当中，设计、施工、产品厂家等各方要通力配合，做好选型、管线、管井预留、产品安装等协调工作。"通过同步设计、同步施工、同步验收、同步管理，让太阳能热水系统成为建筑的有机组成部分，达到安全、协调和美观的效果。"包括新建住宅建筑在建筑规划设计之初，建筑阳台外立面必须有宽度不小于 400mm 的阳台栏板，如图 3-13 所示。

因此，本课题主要针对南立面阳台结构上有栏板的建筑进行分析，充分利用建筑结构上的阳台栏板,并将此阳台栏板作为太阳能集热器的安装机位,研究出集热效率高、安全、可靠、美观、便于安装的建筑一体化阳台栏板式 CPC 集热器及其安装构件。

3.2.1　阳台栏板式 CPC 集热器

传统的阳台壁挂式真空管太阳能集热器一般采用真空管横排结构,非聚光,在一定倾角的情况下,圆柱吸热体真空管吸收的热效率横排结构低于竖排结构[4],集热效率低。集热器与建筑墙体的连接固定都是使用三角支架来固定,只是在建筑上的简单叠加,与建筑结合度差,不仅不美观,并且集热器是在阳台外立面悬空安装,存在很多安全隐患,并且结构复杂,成本较高,较难实现与建筑的一体化安装等,如图3-14所示。

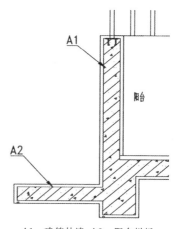

A1—建筑外墙;A2—阳台栏板

图 3-13　新建住宅建筑阳台结构

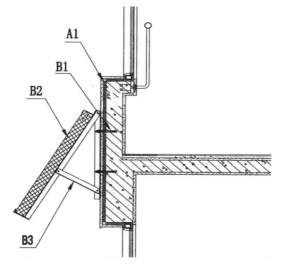

A1—建筑外墙;B1—连接膨胀螺栓;B2—集热器;B3—集热器安装支架

图 3-14　阳台壁挂集热器传统安装方式

本研究开发的阳台栏板式 CPC 集热器,具有集热效率高、安全、可靠、美观等优点,真空管竖排结构可以作为建筑阳台栏杆景观,兼具产品使用功能与建筑部件美学功能,实现太阳能集热器与建筑使用功能及建筑美观相结合[3,4]。其主体主要包括集热器边框、保温棉、卡套接头、铜调节器、导热片、全玻璃真空集热管和 CPC 反光板,如图 3-15 所示。全玻璃真空管和铜调节器采用竖排连接结构,全玻璃真空管长度根据建筑外立面阳台高度确定,可更好地实现与建筑一体化结合。铜调节器底部采用 U 形结构,U 形铜管外包导热片,导热片与全玻璃真空集热管内部接触,进行热量传递,并固定铜调节器在全玻璃真空集热管中的相对位置。

为了更好地实现与建筑一体化结合,便于安装,一般在建筑阳台南立面东侧或西侧只预留一个循环管路的穿墙孔,因此需要将集热器系统循环进出口的连接管路均设置在集热

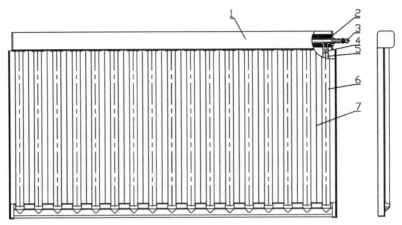

1—集热器边框;2—保温棉;3—卡套接头;4—铜调节器;5—导热片;6—全玻璃真空集热管;7—CPC反光板

图3-15　阳台栏板式CPC集热器结构

器同一侧。新研究的阳台栏板式CPC集热器设计时增加一个U形弯头和同程循环管路,如图3-16。循环管路进出如图中箭头所示,保证各个循环管路等程,使各循环管路阻力一致而保证系统循环、流量均衡,使热效率达到最大利用率,同时满足了集热器循环进出管路单侧安装的需求,便于管路布置、系统循环,更好地实现太阳能与建筑一体化结合。

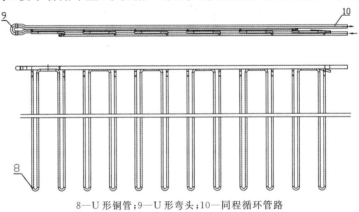

8—U形铜管;9—U形弯头;10—同程循环管路

图3-16　铜调节器结构示意图

　　由于阳台安装面积有限,为了提高真空管集热效率,研究设计了CPC集热器,该集热器将高反射、耐候性高的CPC反光板(抛物线形聚光器)放置在真空管的后面,嵌入式安装在集热器边框中。CPC反光板是涂有保护涂层的金属材料精确辊压成型,这种反光板在几何学的角度保证了不适宜的入射角度太阳光或漫散射太阳光均能反射至真空管吸收体上,如图3-17、图3-18、图3-19所示。

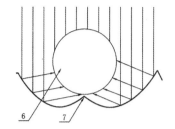
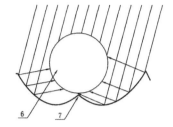
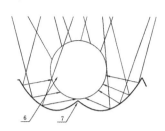

图 3-17　CPC 反光板在太阳光直射　　图 3-18　CPC 反光板在太阳光斜射　　图 3-19　CPC 反光板在太阳光散射
　　　　情况下的聚光示意图　　　　　　　　　情况下的聚光示意图　　　　　　　　　情况下的聚光示意图

聚光 CPC 反光板的设计，在实质上改善了集热器的能量产出，提高了集热器的集热效率。以相同总采光面积的 CPC 集热器与常规阳台壁挂集热器进行对比性能测试($G=1000$ W/m²)，CPC 集热器的瞬时效率方程如下：

$$\eta_G = \eta_{0,G} - a_1 T_m^* = 0.563 - 0.776 T_m^*$$

常规阳台壁挂集热器的瞬时效率方程如下：

$$\eta_G = \eta_{0,G} - a_1 T_m^* = 0.427 - 1.151 T_m^*$$

式中　$\eta_{0,G}$——基于总采光面积的瞬时效率截距；

　　　　$T_m^* = (t_m - t_a)/G$——基于工质平均温度的归一化温差，(m²·℃)/W；

　　　　t_m——工质平均温度，℃；

　　　　t_a——环境温度，℃；

　　　　G——集热器总采光面积上总日射辐照度，W/m²。

根据二者的瞬时效率方程，拟合出二者的对比效率曲线，如图 3-20 所示。从图中可以看出，CPC 集热器的集热效率远高于常规阳台壁挂集热器的集热效率，在阳台安装面积有限的情况下，相同的总集热面积，CPC 集热器能提供更多的能量。

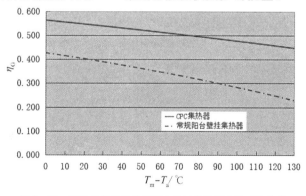

图 3-20　CPC 集热器与常规阳台壁挂集热器效率对比曲线

3.2.2　阳台栏板式集热器与建筑一体化安装构件的研究

为了更好的实现太阳能集热器与建筑使用功能及建筑美观相结合，促进太阳能建筑一体化的发展，有必要对太阳能系统与建筑一体化构配件进行深入研究。太阳能热水系统与建筑一体化构配件的研究，是解决建筑设计预留问题带来的安全、防水、美观等问题的重要

1—预埋膨胀螺栓一；2—上底座；
3—阳台栏板式 CPC 集热器；4—下底座；
5—预埋膨胀螺栓二；A1—建筑外墙；A2—阳台栏板

**图 3-21 阳台栏板式 CPC 集热器及
构配件的建筑安装示意图**

方案。

通过对建筑南立面阳台及 CPC 集热器的分析，可以借助建筑阳台栏板作为太阳能集热器的安装机位，将 CPC 集热器作为建筑的阳台栏杆景观，研究设计了两种新型的太阳能与建筑一体化安装构件，其中专利号为 201521068448.3 的一种太阳能与建筑一体化的集热器安装构配件申请并授权了专利，详细内容不再赘述。该专利结合建筑的特点和功能要求，充分利用建筑外墙的阳台栏板，设计研究了新型的太阳能集热器安装构配件，安装角度在 30° 范围内可调，基本能够适应集热器在不同纬度、不同工况下的安装角度，能够实现与建筑的完美结合，尤其适合装配式建筑的太阳能应用。下面重点介绍本课题示范项目上使用的新型安装构配件，具体结构如图 3-21 所示。包括上底座、下底座和预埋膨胀螺栓。上底座通过预埋膨胀螺栓一安装在阳台窗框下方的建筑外墙上，下底座通过预埋膨胀螺栓二固定在阳台栏板上；阳台栏板式 CPC 集热器置于上底座和下底座之间、通过螺栓紧固。这种新型安装构件仅起固定、支撑作用，阳台栏板式 CPC 集热器经受的作用力主要在建筑外墙延伸的阳台栏板上，成为建筑的一个功能部件，实现了与建筑的一体化。该项技术正在申请相关专利。

其主要安装方法如下：

(1)根据阳台栏板式 CPC 集热器的尺寸，在阳台窗框下方的建筑外墙上预埋膨胀螺栓一，在阳台栏板上预埋膨胀螺栓二；

(2)在预埋膨胀螺栓一上安装调整好的上底座；在预埋膨胀螺栓二上安装下底座，并旋紧；

(3)将阳台栏板式 CPC 集热器下方置于下底座上，其上方贴紧在上底座内；

(4)旋紧上底座处预埋膨胀螺栓一，将上底座与建筑外墙连接，完成安装。

该构件利用建筑结构特点，在建筑设计、施工过程中预埋安装配件，后期集热器安装只需简单的连接和组装即可。将集热器固定在上底座和下底座之间，能够在不改变构配件结构的情况下，满足不同尺寸阳台栏板以及不同尺寸集热器的安装要求，实现构配件的标准化设计和模块化生产。该构件成本较常规集热器安装支架降低 2/3，解决了传统集热器安装支架的一些弊端。并且结构简单，便于实现模块化、规模化、标准化生产。可作为建筑的标准构件，适合推广。

3.2.3 应用示范

根据研究成果，选择建筑设计院进行沟通交流，在建筑设计之初就进行太阳能系统的规划,在建筑上预留太阳能集热器的安装机位,并选择上海某小区进行太阳能与建筑一体化的示范安装。

通过与建筑设计院沟通,该小区的建筑规划设计时在建筑南立面阳台位置预留阳台栏板,作为太阳能集热器的安装机位,并选择安装新型阳台栏板式 CPC 集热器作为建筑阳台栏杆景观,兼具使用与建筑美学功能。阳台剖面示意如图 3－22 所示。通过分析,该阳台栏板上部最边缘又加高了一部分,阳台栏板呈凹型结构,在设计构件时,借助建筑阳台上的建筑特点,去掉新型构件下底座,直接借用阳台栏板上边缘突出部分,作为集热器挡块,同时在中间部位增加连接块,阳台构件预埋、集热器安装后的实景如图 3－23 所示,整体完工实景如图 3－24 所示。

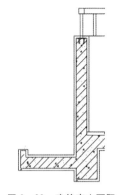

图 3－22　建筑南立面阳台
剖面示意图

该示范工程在太阳能与建筑一体化结合方面,很好地实践了太阳能与建筑同步设计、同步施工、同步验收、同步管理的原则,在前期太阳能与建筑结合的设计时,就充分考虑了集热器的安装位置和安装方案,对安装固定件进行了预埋,安装后整体效果很好。安装的阳台栏板式 CPC 集热器集热效率高,兼具使用与建筑美学功能,集热器放置在阳台栏板上,更加安全、可靠。所采用的太阳能与建筑一体化构配件,经安装使用验证,满足设计要求和安装的安全、牢靠性;新型构配件结构简单、安装方便,安装效率提升 60% 以上,构配件成本是常规安装支架成本的 1/4。太阳能与建筑一体化构配件的使用,可很好地提高太阳能系统安装的快捷和安全性,具有很好的推广意义。

图 3－23　阳台构件预埋、安装后的实景

3.2.4　小结

研究开发的阳台栏板式 CPC 集热器,具有集热效率高、安全、可靠、美观等优点,真空管竖排结构可以作为建筑阳台栏杆景观,兼具产品使用功能与建筑部件美学功能,实现太

图 3-24　整体完工实景

阳能集热器与建筑使用功能及建筑美观相结合。研究开发的新型构配件,结构简单,安装方便,与建筑同步设计、同步施工,能够在不改变构配件结构的情况下,满足不同尺寸阳台栏板以及不同尺寸集热器的安装要求,实现构配件的标准化设计和模块化生产。该系统便于实现模块化、规模化、标准化生产,很好地实现了阳台壁挂式太阳能系统与建筑的一体化结合,可作为建筑的标准构件进行推广。

3.3　水箱容积的确定方法研究

选取不同气候特征的四个典型地区,以辅助热源的消耗量为优化目标,分别分析了紧凑式、阳台壁挂式和集中式太阳能热水系统设计中单位面积集热器所适宜的蓄热水箱匹配容积。

3.3.1　引言

太阳能热水系统是利用太阳能集热器,吸收太阳辐射能量将水加热以资利用的一种装置,是目前太阳能热利用技术中最具有经济性、最成熟且已商业化、市场化的产品。按照太阳能集热系统的运行方式,太阳能热水系统可以划分为:自然循环式太阳能热水器、直流式太阳能热水器和强制循环式太阳能热水系统[5]。其中应用较为广泛的是自然循环式太阳能热水器和强制循环式太阳能热水系统。图 3-25(a)和 3-25(b)分别为这两类太阳能热水系统的实例图。

（a）紧凑式　　　　　　　　　　　（b）集中式

图3－25　太阳能热水系统实例

由于太阳辐射的不稳定性以及太阳辐射与用热负荷的不一致性，蓄热装置是太阳能热水系统中的一个必备部件。目前在太阳能热水系统中普遍采用水箱作为蓄热装置。

太阳能热水系统蓄热水箱容积由热水系统所需的最大蓄热量以及目标用水水温来确定，系统所需最大蓄热量又由太阳能集热器有效集热量波动规律及热水负荷波动规律来确定。

当蓄热水箱容积较小时，热水系统的蓄热水温一般较高，相应蓄热系统热损失大且存储的热水只能供短期使用；反之，当蓄热水箱容积较大时，热水系统的蓄热水温一般较低，但其外表面积增大，热损失亦有可能很大，且成本较高，因此蓄热水箱容积的选取对整个热水系统来说尤为重要。

蓄热水箱是太阳能转化热量的存储装置，因此要求蓄热水箱外表面热传导、对流及辐射的热损失最小，即一定热容积的条件下要求容积的表面积最小，因此水箱一般要做成球形或正圆柱形，由于球形不便安放，因此所见蓄热水箱一般为正圆柱形。

西安建筑科技大学的王登甲、刘艳峰等人对主动式太阳能热水蓄热系统进行了研究，提出了一种以典型日的太阳辐射和负荷为依据，基于太阳能集热器的有效集热量和蓄热水箱的蓄热量相平衡的蓄热水箱容积确定方法。但这一方法只考虑了典型日的情况，因而只能保证在典型日工况下，系统的性能达到最优，即缺乏对全年太阳能辐照以及补水水温波动性的影响的考虑，因而具有不完备性，其实际运行效果并不一定理想。为解决这一难点，本节在考虑全年太阳辐照和补水水温波动的影响的条件下，以系统的全年能耗为优化目标，对单位面积集热器所需水箱容积进行了探讨。

3.3.2　各类系统形式中水箱容积的确定方法研究

（1）紧凑式系统

紧凑式太阳能热水系统主要是指自然循环系统。该类热水系统的集热系统仅利用被加热工质的密度变化来实现自然循环，因而贮热水箱必须高于集热器，且无法通过系统运行控制来实现过热保护和防冻。该类系统一般为紧凑式太阳能热水器和规模较小的热水供应系统，适用于对建筑物外观要求不高的场合，一般用于低层或多层住宅。图3－26所示为紧凑式太阳能热水系统的外观效果图。

图 3-26　紧凑式太阳能热水系统

　　为合理地对家用紧凑式太阳能热水系统的蓄热水箱的容积设置进行优化分析,以上海地区的一个三口之家为分析计算案例。对于住宅而言,随着季节的不同,热水的用途也有较大区别:在夏季,热水的主要需求为沐浴用水和少量的厨房洗碗用水;在冬季,热水的主要需求为沐浴用水、盥洗用水以及部分厨房洗碗用水。

　　为使分析案例具有普遍性,各使用功能的用水量主要依据《民用建筑节水设计标准》(GB 50555-2010)确定。依据节水设计标准,上海地区有热水器和淋浴设备的住宅的节水用水定额为 140~230 L/(人·d),取低值 140 L/(人·d);结合住宅建筑的分项给水百分率表,可得住宅建筑的分项给水用水量,如表 3-5 所示。

表 3-5　住宅建筑分项给水百分率和用水量

项目	冲厕	厨房	沐浴	盥洗	洗衣
百分率	21%	20%~19%	29.3%~32%	6.7%~6%	22.7%~22%
用水量(L/(人·d))	29	28~26	41~45	9~8	32~31

　　依据《家庭厨房用水耗能状况研究报告》,上海地区居民厨房洗碗的日均用水量约占厨房日均总用水量的一半,因而书中洗碗用热水量按厨房用水量的一半计算;夏季对洗浴的需求较多而冬季较少,按照夏季每人每日一次、冬季每人每两日一次计算;夏季盥洗日均热水用量按冬季的一半计算。因而,可得到表 3-6 所示的夏季和冬季日均热水用量。

表 3-6　日均热水用量

季节	厨房/L	沐浴/L	盥洗/L	洗衣/L	总计/L
夏季	0	123	12	0	135
冬季	43	62	24	0	129

　　图 3-27 为用水时间段分布图。

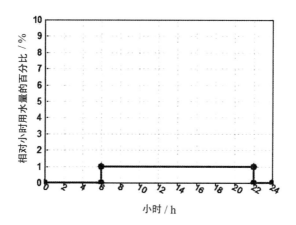

图 3-27　用水时间段分布图

太阳能集热器作为太阳能热水系统的热量转化和收集部件,其参数的设置对热水系统的性能有着决定性的影响。一般家用太阳能热水系统的集热器面积可依据系统的日平均用水量、用水温度等参数按如下公式进行计算:

$$A_c = \frac{Q_w c \rho (t_r - t_l) f}{J_T \eta (1 - \eta_L)}$$

式中　A_c——集热器面积(m^2);

　　　　Q_w——设计日平均用热水量(L),取夏季值,135 L;

　　　　c——热水的定压比热容(kJ/(kg·℃));

　　　　ρ——水的密度(kg/L);

　　　　t_r——热水设计水温(℃),取 60℃;

　　　　t_l——水的初始温度(℃),取 15℃;

　　　　f——年太阳能保证率;

　　　　J_T——当地集热器采光面上的年平均日太阳能辐照量(kJ/m^2);

　　　　η——集热器的集热效率,取值 50%;

　　　　η_L——系统的的热损失率,取值 0.15。

基于尽可能地充分利用太阳能资源,且尽量减少所需集热器面积,以节约初投资,当前太阳能热水系统的主要设计思路为选取年累计太阳能辐射量最大的采光面作为集热器的安装斜面,进而确定集热器的安装倾角、方位角以及面积。对于家用紧凑式太阳能热水系统,考虑到集热器的布置与住宅主朝向的结合问题,集热器布置方位角仅考虑正南向。表3-7 所示为方位角为正南向的情况下,采用 Reindl 模型计算得到的不同倾角斜面上的年日均累计太阳能辐射量。

表 3-7　年日均累计太阳能辐照量

集热器倾角	0°	10°	20°	30°	40°	50°	60°	70°	80°	90°
日均辐照量(MJ/m^2)	12.97	13.42	13.63	13.58	13.28	12.75	12.00	11.04	9.98	8.64

由表 3-7 可知:当集热器倾角为 20°时,单位面积上的年日均累计辐照量达到最大,为

13.63mJ/m²。但紧凑式系统会兼顾系统在冬季的使用性能,一般其倾角会在当地纬度角(上海地区为31°)的基础上再增加15°～20°。因此,本书选取50°作为集热器的安装倾角。此外,考虑到充分利用太阳能的目的,太阳能保证率取值65%。结合公式可计算得到热水系统所需的集热器面积为3.1m²,取整为3m²。表3-8所示为紧凑式太阳能热水系统的相应参数。

表3-8　紧凑式太阳能热水系统参数

项　　目	参　　数
集热器面积	3m²
集热器安装倾角	50°
辅助热源设置形式	蓄热水箱内置

同时考虑到太阳能具有波动性和间歇性,为保证系统在辐照较弱的情况下也能保证热水质量,系统还需设置辅助加热热源,以保证系统的供水温度能达到设定值。辅助加热系统的能耗直接决定了太阳能热水系统的节能性,所以本章优化分析的目标参数为辅助热源的累计能耗。

基于上述参数,通过建立太阳能热水系统动态分析模型对系统的全年性能(辅助热源的能耗)进行分析,如图3-28所示。

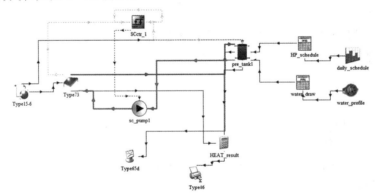

图3-28　太阳能热水系统动态分析系统

经分析,在蓄热水箱的容积从150 L增加至390 L的不同设置工况下,系统全年的辅助热源能耗随蓄热水箱的容积变化呈现如图3-29所示的变化曲线。

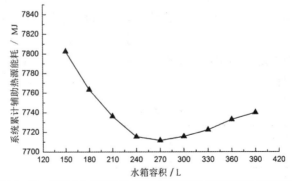

图3-29　系统全年累积辅助热源能耗随蓄热水箱容积变化的关系

如图3-29所示,系统能耗随着蓄热水箱容积的增加,先降低后增加。这是由于随着蓄热水箱容积的逐步增加,在集热器面积一定的情况下,蓄热水箱能够储存更多来自太阳能转化而来的热量,因而呈现辅助热源能耗逐步下降的趋势;但随着蓄热水箱容积的进一步增加,蓄热水箱在水温达不到使用目标温度时,辅助加热所需要的热量也多,相应地,由于水箱体积增加产生的热损失也会增加,故而,当其容积达到一定数值时,继续增加蓄热水箱的容积,其辅助热源所消耗的能耗也会相应地逐步增加。由图3-29可知,当蓄热水箱的容积为270 L时,辅助热源的全年累计能耗最低。表3-9所示为上述分析工况下,设置不同的单位面积集热器所对应的蓄热水箱容积所产生的辅助热源能耗。对于上海地区而言,在分析工况下,当单位面积集热器所对应的蓄热水箱容积为90 L时,系统的能耗最低。

表3-9　不同单位面积集热器所对应的蓄热水箱容积所产生的辅助热源能耗

单位面积集热器所对应的蓄热水箱容积/(L/m²)	辅助热源加热量/MJ
50	7802.50
60	7763.46
70	7736.29
80	7715.36
90	7711.58
100	7715.68
110	7722.53
120	7732.94
130	7740.00

（2）阳台壁挂式系统

阳台壁挂式系统主要为强制循环系统,可分为直接式和间接式两种。

直接式:集热系统采用强制循环,利用水泵使水在太阳能集热器与蓄热水箱间直接循环加热;对自来水的水质要求高;集热系统效率高;蓄热水箱可以是承压的闭式水箱,也可以是非承压的开式水箱,适用于对建筑外观要求严格的场合。

间接式:集热系统采用强制循环,太阳能集热器加热传热工质,通过热交换器和水泵使传热工质循环加热蓄热水箱中的热水;较易保证系统水质;防冻性能好;蓄热水箱可以是承压的闭式水箱也可以是非承压的开式水箱,适用于对供热质量、建筑物外观、水质、防冻要求严格的场合。

图3-30所示为典型的阳台壁挂式家用太阳热水系统的效果图。

图3-30　阳台壁挂式家用太阳热水系统的效果图

由于系统的集热器需与阳台很好的结合,所以集热器的安装倾角一般都较大,通常与水平面呈90°垂直或接近垂直。所需的集热器面积为4.4m²,取4m²。表3-10所示为阳台壁挂式太阳能热水系统的相应参数。

表3-10 阳台壁挂式太阳能热水系统参数

项　　目	参　　数
集热器面积	4m²
集热器安装倾角	90°
辅助热源设置形式	蓄热水箱内置

基于上述参数,通过建立动态分析模型对系统的全年性能(辅助热源的能耗)进行分析,其模型示意图如图3-28所示。

经分析,在蓄热水箱的容积从200 L增加至520 L的不同设置工况下,系统全年的辅助热源能耗随蓄热水箱的容积变化呈现如图3-31所示的变化曲线。

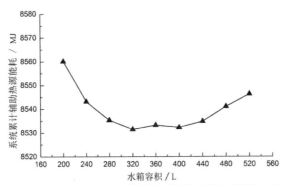

图3-31 系统全年累积辅助热源能耗随蓄热水箱容积的变化曲线

如图3-31所示,系统能耗随着蓄热水箱容积的增加,先降低后增加,其变化原因同紧凑式太阳能热水系统的分析。由图3-31可知,当蓄热水箱的容积为320 L时,辅助热源的全年累计能耗最低,对于上海地区而言,在分析工况下,当单位面积集热器所对应的蓄热水箱容积为80 L时,系统的能耗最低。表3-11所示为上述分析工况下,设置不同的单位面积集热器所对应的蓄热水箱容积所产生的辅助热源能耗。

表3-11 不同的单位面积集热器所对应的蓄热水箱容积所产生的辅助热源能耗

单位面积集热器所对应的蓄热水箱容积/(L/m²)	辅助热源加热量/MJ
50	8560.11
60	8543.19
70	8535.43
80	8531.53
90	8533.25
100	8532.26
110	8534.87
120	8541.08
130	8546.34

（3）集中式系统

集中式太阳能热水系统是指采用集中的太阳能集热器和集中的蓄热水箱供给建筑物所需热水的系统。此系统结构技术成熟，运行稳定。集热器阵列一般布置在建筑屋面或飘板上，蓄热水箱则放置在建筑屋顶或地下。集中式系统主要为强制循环系统，按照集热循环方式也可分为直接式和间接式两种，其区别同分体式太阳能热水系统。适用于对供热质量、建筑物外观要求严格的场合。

按辅助加热方式的不同，集中式太阳能热水系统可分为集中辅助加热系统和分户辅助加热系统。由于在实际应用中，集中辅助加热系统在运行、管理等方面存在较多的问题，本节重点分析分户辅助加热系统。该类系统集热器、储热水箱集中设置，可达到太阳能资源共享的目的；辅助加热分户设置，在阴雨天太阳能不足时，由住户根据需求自主选择是否需辅助加热，因此在用水时间上不受限制，能实现 24 小时供应热水，而且集热系统故障也不会对用户使用造成影响，相对于集中辅助加热系统较为简单。该系统无需另设热水水表，用户只需分摊集热系统循环泵和供水系统干管循环泵的电费及系统冷水费，用户直接使用自家的电，物业管理比较简单方便，而且供应热水以冷水的价格收费，在一定程度上能迎合用户的消费心理，体现了太阳能免费资源的优势。

图 3-32 所示为典型的集中式太阳能热水系统的效果图。

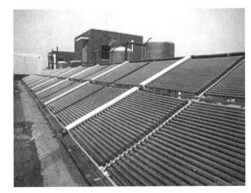

图 3-32　集中式太阳能热水系统的效果图

对于集中式太阳能热水系统而言，为了充分利用太阳能资源并减少集热器阵列的面积以减少初投资，其安装倾角一般均选取当地全年辐照量最大的采光面的倾角。结合各个倾角平面上的年辐照数据和上海当地的实际工程应用情况，选取当地纬度角 $30°$ 作为集热器阵列的安装倾角。考虑到分析案例的典型性，本节以两梯四户的多层（6 层）建筑为分析对象，则使用户数为 24 户，该系统的日均热水用量为 3360 L。同样设置分析系统的太阳能保证率为 65%，所需的集热器面积为 $71.2m^2$，取 $72m^2$。表 3-12 所示为集中式太阳能热水系统的相应参数。

表3-12　集中式太阳能热水系统参数

项　目	参　数
集热器面积	$72m^2$
集热器安装倾角	$30°$
辅助热源设置形式	分散设置

对于集中式系统,热水的输配能耗也是需重点关注的,但考虑到输配能耗主要与用户的用水模式和集热循环的设置有关,且本节主要考虑水箱容积的影响,因而本节的比较分析中不计入输配系统能耗。此外,集中式系统的实际运行中,需要考虑不同用户用水模式的差异,即各个用户在用水时间点以及各个用水时间点的用水量的差异,基于这一考量,本节采用突出早中晚时刻的用水高峰,其他时刻平均设置的方法,其户均用水时间段分布如图3-33所示。

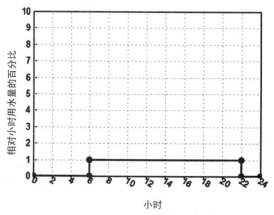

图3-33　集中式太阳能热水系统用水时间段分布图

基于上述参数,通过建立动态分析模型对系统的全年性能(辅助热源的能耗)进行分析,其系统如图3-34所示。

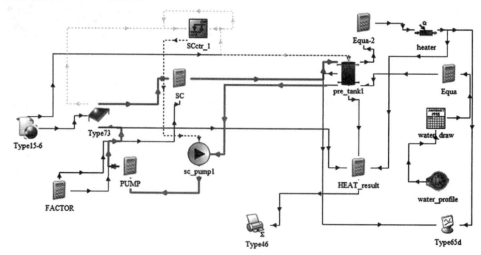

图3-34　集中式太阳能热水系统动态分析系统

经分析,在蓄热水箱的容积从 $3.6m^3$ 增加至 $20m^3$ 的不同设置工况下,系统全年的辅助热源能耗随蓄热水箱的容积变化呈现如图 3-35 所示的变化曲线。

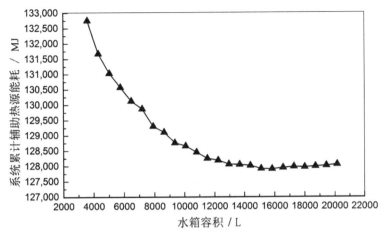

图 3-35　系统全年累积辅助热源能耗随蓄热水箱容积变化的曲线

由图 3-35 可知,系统能耗随着蓄热水箱容积的变化,先降低后增加,且增加的趋势缓慢。其变化原因为随着蓄热水箱容积的逐步增加,在集热器面积一定的情况下,蓄热水箱能够储存更多的来自于太阳能转化而来的热量,因而呈现辅助热源能耗逐步下降的趋势;但随着蓄热水箱容积的进一步增加,蓄热水箱在水温达不到使用目标温度时,各户用水时所消耗的辅助加热量也将有所增加。相应地,由于水箱体积增加,产生的热损失也会增加,故而,当其容积达到一定数值时,继续增加蓄热水箱的容积,其辅助热源所消耗的能耗也会相应地逐步增加;但与前述系统不同的是,本节分析的集中式系统的辅助加热采用的是分户辅助加热的形式,即用多少辅助加热多少的模式,避免了将整个蓄热水箱加热到目标温度所造成的不必要的热损耗,因而蓄热水箱容积对辅助加热能耗的影响相对较弱,当蓄热水箱容积进一步增大的情况下,其辅助热源消耗量的增加趋势也相对较为缓慢。由图可知,当蓄热水箱的容积达到 $1.5m^3$ 时,辅助加热的消耗量达到最小;但其实当蓄热水箱容积达到 $0.85m^3$ 时,辅助热源的能耗就已经达到较低值;设计时需综合考虑蓄热水箱容积的增加所带来的初投资成本增加和承重问题(如果布置于屋面)。表 3-13 所示为上述分析工况下,设置不同的单位面积集热器所对应的蓄热水箱容积所产生的辅助热源能耗。对于上海地区而言,在分析工况下,单位面积集热器所对应的蓄热水箱容积可取值为 $90\sim110$ L。

表 3-13　不同的单位面积集热器所对应的蓄热水箱容积所产生的辅助热源能耗

单位面积集热器所对应的蓄热水箱容积/(L/m²)	辅助热源加热量/MJ
50	132751.74
60	131675.66
70	131029.34
80	130574.66
90	130126.10

单位面积集热器所对应的蓄热水箱容积/(L/m²)	辅助热源加热量/MJ
100	129871.08
110	129303.60
120	129112.65
130	128760.34
140	128656.26
150	128454.03
160	128252.57
170	128190.06
180	128061.73
190	128052.21
200	128016.28
210	127915.62
220	127906.54
230	127946.89
240	127980.88
250	127968.02
260	127991.69
270	128016.87
280	128054.09

3.3.3 小结

基于以上分析思路,又分别对沈阳、北京、上海和广州地区的紧凑式系统、阳台壁挂式系统和集中式系统作了分析和优化计算,其优化比较结果汇总如表 3-14 所示。

表 3-14 各地区单位面积集热器蓄热水箱容积推荐值

地区	单位面积集热器蓄热水箱容积推荐值/(L/m²)		
	紧凑式系统 (集热器倾角为 40°～50°)	阳台壁挂式系统 (集热器倾角为 90°)	集中式系统(集中集热分户辅热;集热器倾角为当地纬度值)
沈阳	80～90	90～100	100～120
北京	80～90	80～90	110～130
上海	80～90	70～80	90～110
广州	90～100	60～70	70～90

3.4　过热控制方法研究

　　针对高保证率太阳能热水系统夏季使用中常出现的过热问题,对不同类型的太阳能热水系统所采用的防过热措施进行了总结和适用性比较分析,并结合数据分析手段,量化分析了部分负荷使用率对系统过热的影响。

3.4.1　引言

　　太阳能热水系统以其节能、环保、方便的优势赢得越来越多消费者的青睐,但目前选购太阳能热水系统的用户对产品的要求已经不仅仅停留在节能、环保的基本要求上,还对太阳能热水系统的安全性、可靠性有更深层次的要求,其中,太阳能热水系统过热问题已经被越来越多的用户所关注。太阳能相比天然气等常规能源而言,太阳能的不稳定性决定了这种能源不易被我们所控制:阴雨天,太阳辐照量小,太阳能热水系统所接收到的能量就少,我们可以启用辅助能源对热水进行加热,对太阳能热水系统的安全性、可靠性没有任何影响;但如果遇上连续的晴好天气,尤其是辐照量特别高的地区,太阳能热水系统所接收到的能量高于使用量,就易造成系统过热,这样就会对整个系统造成不利影响,造成换热系统泄压换热介质流失、水箱水温过高温度安全阀开启、水箱爆裂等诸多问题,因此,太阳能热水系统的防过热问题在系统设计中必须予以考虑、解决。

　　海尔热水器有限公司的刘东平等人对常规分体式和紧凑式热水系统的防过热方法做了总结。对于紧凑式系统,文中总结了"调整集热器真空度""增加感温膜层""在循环管路上增加防过热阀"和"在水箱上增加散热器"等防过热措施;对于分体式系统,文中提及了通过泵站电控系统控制集热循环泵的启停来防止系统过热的方案,但对于各种措施的适宜性以及过热问题较为突出的集中式系统缺乏针对性的探讨和研究。

　　目前,对由于冬夏季的太阳能辐照波动所引起的夏季系统过热问题,基本上都可以通过在循环管路加装防过热阀和控制集热循环泵运转等措施来很好地解决。太阳能热水系统,尤其是采用强制集热循环的热水系统,防过热的难题主要是如何解决系统的热水使用负荷远低于设计负荷(即热水消耗量不足)和热水系统短期不用(系统长期不用可以通过排出系统中的水来解决)情况下的过热问题。相比于因太阳辐射波动引起的过热,这一类系统过热,随着系统设计容量的不同,其富余的热量要大得多,相应的危害性也大得多,而且是上述一般性措施难以解决的。本节将重点针对性地分析集中式系统中这一过热难题的解决。

3.4.2　紧凑式和阳台壁挂分体式系统防过热方法研究

　　就当前紧凑式和分体式热水系统可采用的各项防过热技术而言,"调整集热器真空度"是通过降低集热器真空管的真空度来加强集热器的热损失来达到防过热的目的,但这一措施本身也降低了集热器的集热效率,且宜用于全年辐照都较好且冬季气温相对较高的地区,对于上海这样的夏热冬冷地区并不适用。"增加感温膜层"是在真空管内玻璃管的选择性吸收涂层外表面覆盖一层感温膜层,当玻璃管温度达到设定温度,例如 95℃时,感温膜层就会变为不透光膜层,这样就阻止了吸收性涂层进一步吸收太阳能,从而达到防过热的作用,这一措施从集热器源端降低光热转换量且不增加其他设备,是解决热水系统过热问题的很好途径,但目前而言,这一工艺较为复杂且质量不能很好的保证,因而实际应用中并不多;"在循环管路上增加防过热阀",对于平板型紧凑式热水器而言,蓄热水箱和集热器是通过循环管路连接在一起的,是在当循环管路的介质温度达到设定温度,例如 90℃ 时,通过防过热阀切断集热器和蓄热水箱之间的热交换来达到防过热的目的,但这一措施仅适用于自然循环系统且要求集热器具备很好的承压能力,因而这一措施不适用于目前应用最广泛的全玻璃真空管紧凑式太阳能热水系统,仅适用于平板型集热器构成的紧凑式集热系统;"在水箱上增加散热器"是通过自然对流换热的方式将蓄热水箱内的热量不断地传向室外空气来达到防过热的目的,所以系统的蓄热水箱是必须置于室外的,蓄热水箱内的水温高,则散热量大,水温低,则散热量低,因此,这一措施适用于全年辐照都较好且冬季气温相对较高的地区,对上海地区并不适用。"通过泵站电控系统控制集热循环泵的启停来防止系统过热"是针对于分体式热水系统而言的,具体控制过程为:泵站内的控制器通过判断蓄热水箱底部和集热器出口的传感器温度来控制集热循环泵的启停,两个温度传感器独立进行高温监测,当任一区域温度超过某一设定值时,集热循环泵停止运转,换热循环停止,从而达到防过热的目的。

就当前太阳能热水系统的应用情况而言,紧凑式系统由于其构造简单,设备成本低,且集热循环采用自然循环,没有动力设备,运行成本低。基于上述两大优势,紧凑式系统得到了最广泛的应用,尤其是在农村地区,因此,对于紧凑式系统的防过热措施,应以成本低且操作简单为前提。相对而言,分体式系统是在紧凑式系统的基础上进一步发展出的系统类型,其与建筑立面很好的结合性以及美观度使其在城镇中得到了一定范围的应用。由于紧凑式系统和阳台壁挂式分体系统一般都是以一个家庭的生活热水用量来配备的,因此,设备容量均较小,故而,其过热情况下热量富余量不大,一般的技术措施即可很好地解决,表3-15中对紧凑式系统适宜采用的防过热措施做了汇总。

表 3-15　紧凑式和阳台壁挂分体式系统适宜采用的防过热措施

系统类型	集热器类型	循环管路加装防过热阀	采用带有感温膜层的集热器	蓄热水箱设置泄压装置并做好安全措施	泵站电控系统
紧凑式	平板型	√	√	√	\
	全玻璃真空管	×	√	×	
	热管型	×	√	√	
阳台壁挂分体式	平板型	×	√	仅可用于蓄热水箱置于室外的系统类型	√
	全玻璃真空管	×	√		√
	热管型	×	√		√
	内插金属 U 形管型	×	√		√

√:可采取的措施;×:不可采取的措施

图 3-36 为防过热阀、泄压阀和泵站电控装置的实物图。

防过热阀　　　　　　　　泄压阀　　　　　泵站电控装置及膨胀罐

图 3-36　防过热阀、泄压阀和泵站电控装置的实物图

3.4.3　集中式太阳能热水系统过热控制方法研究

集中式系统由于其具有与建筑的一体化程度高、设备可集中布置和便于统一管理等特点,在住宅楼、办公建筑和商业建筑中得到了越来越广泛的应用。与紧凑式系统和阳台壁挂式分体系统不同的是,集中式热水系统的设备容量是按照整个建筑的热水负荷来估算的,因此,其集热器阵列的面积和水箱容积要远大于分体式系统和阳台壁挂式系统,在过热情况下的热量富余量也会大很多,相应的危害也会大很多。目前,太阳能热水系统的过热问题已经成为住宅和办公建筑中集中式热水系统应用的主要问题,而导致这一问题的主要原因为入住率不高和用户热水使用量远低于设计量而造成的热量富余;但设计时,如果减少热水系统的设备容量又会在热水使用量恢复正常后出现系统热供应不足和辅助能源过多消耗的问题。因此,集中式热水系统过热问题的有效解决也成了近年来热水系统应用的一大实际难点。本节的主要内容将对集中式系统的过热问题解决方案进行探讨。

为了确定集中式热水系统过热现象出现的可能性,本节定量分析比较了不同太阳能保证率设置条件下不同热水部分使用量情况下的过热出现可能性。设置较高的太阳能保证率虽然可以提高运行的经济性,但若系统设计不合理,极易在夏季出现系统过热,从而引发系统损坏故障以及安全事故。我们定义太阳能热水系统运行一年出现的过热时长 h_r 来作为分析太阳能热水系统是否过热的指标;我们设定 85℃ 作为系统过热的判定温度,即过热时长 h_r 记录的是太阳能热水系统中蓄热水箱水温超过 85℃ 的时间。以前述分析的集中式热水系统为分析案例,分别确定了太阳能保证率分别为 10%,30%,50%,70% 和 90% 情况下的系统参数,其中蓄热水箱的容积按照据 90 L/m² 进行确定。不同保证率条件下的系统主要参数如表 3-16 所示。

表 3-16　不同保证率条件下的系统主要参数

集中式太阳能热水系统参数		
太阳能保证率/%	集热器阵列面积/m²	蓄热水箱容积/m³
10	11	1.0
30	33	3.0
50	55	4.9
70	77	6.9
90	99	8.9

图 3-37 和图 3-38 分别为集中集热—分户辅热式系统和集中集热—集中辅热式系统的系统模型图。

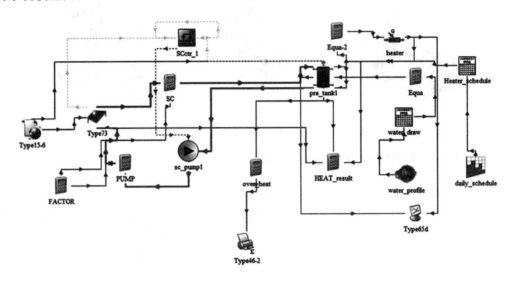

图 3-37　集中集热—分户辅热系统

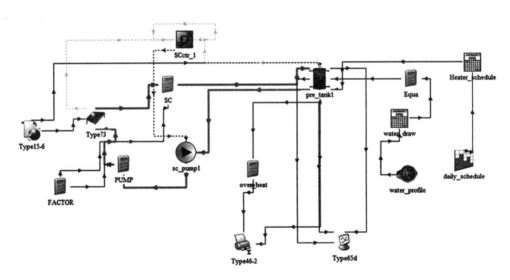

图 3-38　集中集热—集中辅热系统

表 3-17 和表 3-18 分别为集中集热—分户辅热系统和集中集热—集中辅热系统在不同太阳能保证率设置条件下和不同热水负荷使用率情况下的全年过热时间统计值——过热时长 h_r。

表 3-17 集中集热—分户辅热系统在不同保证率和不同部分负荷使用率情况下过热时长

系统全年过热时长 h_r	分户辅助加热系统			
		部分负荷使用率		
		10%	15%	20%
太阳能保证率	10%	0	0	0
	30%	0	0	0
	50%	0	0	0
	70%	198	0	0
	90%	755	79	0

表 3-18 集中集热—集中辅热系统在不同保证率和不同部分负荷使用率情况下过热时长

系统全年过热时长 h_r	集中辅助加热系统				
		部分负荷使用率			
		10%	15%	20%	25%
太阳能保证率	10%	0	0	0	0
	30%	0	0	0	0
	50%	196	0	0	0
	70%	1143	138	0	0
	90%	2255	541	114	0

基于表 3-17 和表 3-18 中计算结果,可分析得到下述内容:

(1)对于集中集热—分户辅热的系统而言,当系统的太阳能保证率低于 50% 时,即使系统的部分负荷使用率只有 10%,蓄热水箱的水温也很少达到过热保护温度。

(2)对于集中集热—分户辅热的系统而言,当系统的太阳能保证率达到 50% 以上且部分负荷使用率低于 15% 时,才会出现蓄热水箱水温达到过热保护温度的情况,且随着系统保证率的升高和部分负荷使用率的降低,过热现象愈加严重。

(3)对于集中集热—集中辅热的系统而言,当系统的太阳能保证率低于 30% 时,即使系统的部分负荷使用率只有 10%,蓄热水箱的水温也很少达到过热保护温度。

(4)对于集中集热—集中辅热的系统而言,当系统的太阳能保证率达到 30% 以上且部分负荷使用率低于 25% 时,才会出现蓄热水箱水温达到过热保护温度的情况,且随着系统保证率的升高和部分负荷使用率的降低,过热现象愈加的严重。

(5)相比较而言,集中集热—分户辅热的系统通过在各户分别单独设置独立的带辅助加热的小水箱或在用水末端辅以燃气加热装置等,减少了集热循环中蓄热水箱由辅助热源引起的温升,因而,其在部分负荷使用率较低的情况下,有比集中集热—集中辅热系统更大的温升空间,出现蓄热水箱水温达到过热保护温度的几率也更低。

(6)总体而言,不同太阳能保证率设置条件下,两种系统出现过热现象时的部分负荷使用率都比较低,这是因为太阳能家用热水系统的目标设定温度较低,一般为 60℃,而系统过热保护温度一般为 85℃ 以上,二者之间有着至少 25℃ 的温差,为系统的防过热提供了很好的热缓冲区间。

部分负荷使用率较低是诱发集中式热水系统出现过热现象主要原因,除此之外,短期的系统停用也是出现系统过热的一大诱因,且由于系统在这一情况下几乎没有热量输出,因而影响更为严重。为了解决系统在这一情况下没有热量输出的问题,通过外接散热设备散出富余的热量是不影响系统运行的可选择方案之一。为确定系统所需散热设备的散热量,即散热设备的选型,下文将结合上海地区的当地气象参数对散热设备的选型进行探讨。图 3-39 是散热器与蓄热水箱的连接示意,图中空气源热泵与蓄热水箱的连接方式即为散热设备与蓄热水箱的连接方式。

图 3-39　散热器与蓄热水箱的连接示意

兼顾系统的安全性和设备选型的经济性,在保证系统极端情况下可通过散热设备散发多余的热量,同时也防止设置过大的散热器造成成本的过度增加,我们选取太阳累计辐照最高的一周的集热量作为防过热散热设备需要散发的热量。

设备的散热量计算方式按下式进行计算:

$$Q_c = \frac{J_w \times \eta}{7 \times \tau}$$

式中　Q_c——单位面积集热器外接散热设备的散热量(kW);

　　　τ——累计辐照最高周每日的辐照时间(s);

　　　J_w——累计辐照最高周太阳累计辐照量(kJ);

　　　η——集热器的集热效率,取值 50%。

经计算,在方位角为正南向且倾角为 30° 的倾斜面上,单位面积累计辐照最高周的累计辐照值为 145.88mJ,集中式系统单位面积集热器所对应的散热设备的散热量为 0.24 kW/m²。

3.4.4　小结

本节对家用紧凑式太阳能热水系统和阳台壁挂分体式太阳能热水系统做适宜的防过热措施进行了归纳和总结,其结果如表 3-19 所示。

表 3-19 紧凑式和阳台壁挂分体式系统适宜采用的防过热措施

上海地区紧凑式和阳台壁挂分体式热水系统适宜采用的防过热措施					
系统类型	集热器类型	循环管路加装防过热阀	采用带有感温膜层的集热器	蓄热水箱设置泄压装置并有安全措施	泵站电控系统
紧凑式	平板型	√	√	√	\
	全玻璃真空管	×	√	√	
	热管型	×	√	√	
阳台壁挂分体式	平板型	×	√	仅用于蓄热水箱置于室外的系统类型	√
	全玻璃真空管	×	√		√
	热管型	×	√		√
	内插金属 U 形管型	×	√		√

√:可采取的措施;×:不可采取的措施

对于集中式太阳能热水系统的防过热,分析了上海地区不同太阳能保证率条件下不同部分热水负荷使用率情况下,集中辅热和分户辅热系统的全年过热时长,其分析结果见表 3-17 和表 3-18。通过数据比较发现:

(1)对于集中集热—分户辅热的系统而言,当系统的太阳能保证率低于 50% 时,即使系统的部分负荷使用率只有 10%,蓄热水箱的水温也很少达到过热保护温度。

(2)对于集中集热—分户辅热的系统而言,当系统的太阳能保证率达到 50% 以上且部分负荷使用率低于 15% 时,才会出现蓄热水箱水温达到过热保护温度的情况,且随着系统保证率的升高和部分负荷使用率的降低,过热现象愈加严重。

(3)对于集中集热—集中辅热的系统而言,当系统的太阳能保证率低于 30% 时,即使系统的部分负荷使用率只有 10%,蓄热水箱的水温也很少达到过热保护温度

(4)对于集中集热—集中辅热的系统而言,当系统的太阳能保证率达到 30% 以上且部分负荷使用率低于 25% 时,才会出现蓄热水箱水温达到过热保护温度的情况,且随着系统保证率的升高和部分负荷使用率的降低,过热现象愈加严重

(5)相比较而言,分户辅热系统比集中辅热系统具有更好的防过热性能,此外,分户辅热系统通过将辅助加热系统设置在各个用户端,很好地实现了按需加热的目的,避免了将整个蓄热水箱加热的过度能源消耗,有更好的节能性。因此,对于集中式热水系统而言,在条件允许的情况下,建议采用分散辅热的设置方案。

对于集中式热水系统外接散热设备容量的确定,分别计算了沈阳、北京、上海和广州的单位面积集热器所对应的设备容量,具体参数参见表 3-20。

表 3-20 各地集中式系统适宜采用的防过热措施

地区	沈阳	北京	上海	广州
最高累计周辐照量/MJ	166.83	167.29	145.88	150.81
单位面积集热器所对应的散热设备容量/(kW/m²)	0.28	0.28	0.24	0.25

3.5　过多冷水放出的处理技术措施研究

针对太阳能热水系统使用过程中的"热等待"问题,依据不同的设备设置情况提出了三种不同的回水解决方案,并具体说明了其控制逻辑。

3.5.1　引言

太阳能热水器用户大都有这样的经历,即打开用水阀后必须先放尽用水管中的冷水才可以正常使用热水,而且用水管路越长需要放掉的水量就越大,造成了很大的水资源浪费。家用太阳能热水系统的使用,有明显的冷水浪费现象,因为太阳能热水系统的储水箱一般设置在屋面,在用户端使用热水时,从储水箱到到用户之间的管路中均为常温的冷水,这些常温冷水无法作为热水使用,所以一般会被白白浪费掉。由此可见,如果不采取相应的措施,几乎每一次的间隔用水都会存在冷水浪费的现象。

针对上述问题,华北电力大学的卢文博等人对于住宅使用的太阳能热水系统提出了一种增设回流水箱来收集管路中的常温冷水以防止浪费的方案,但这一方案需要在原有系统的基础上增加温度探头、电磁阀、回流水箱以及回流水泵等设备元件,除了设备成本的增加,回流水箱的设置还需要占用更多的空间且回流水箱定期保洁也一定程度上增加了运营维护的成本投入。山东省冶金设计院与山东建筑大学的赵磊和李满针对住宅用太阳能热水系统,提出在蓄热蓄水箱的热水出水口处加装一个电磁阀,在每次热水使用中将管路中的热水排净,从而保证下次的使用可以直接从蓄热水箱中取得热水,这一措施只在环路中增加了一个电磁阀,具有设备增量成本低的优势,但用户每次热水使用都将有一定程度的时间延迟,关闭时也有一段时间的迟滞,且用水时需要既打开用水点的阀门又打开蓄热水箱出口的电磁阀,因而操作不便且时效性差,降低了用户的使用舒适度。大连理工大学的王怀龙等人针对分体式太阳能热水系统在使用过程中过多冷水放出的问题,提出了一种具有一定控制策略回水管路设置,其增加的主要设备有用水泵、回水电磁阀等构件,可实现较好地减少使用过程中系统过多冷水放出的问题,但设备增量成本较高。

我们将在紧凑式、分体式和集中式热水系统特点的基础上,充分借鉴吸收现有文献提出的各类措施的优点,以热水放出快、增量设备成本低、控制简单和使用舒适体验度好为目标,提出更为适宜的冷水放出问题处理技术措施。

基于上述要求,下文就本节提出的两种防止冷水放出的热水回水环路措施进行详细的介绍。太阳能热水系统可分为集热环路部分和用水负荷段部分,集热环路部分的设置已在本书的其他章节作了详细的探讨,本节结合热水用户端的"热等待"(即使用时先有冷水放出的问题)问题,重点分析用水负荷段部分的改进,对集热环路部分不作赘述。

3.5.2　回水解决方案Ⅰ

图3-40所示为回水解决方案Ⅰ的用水负荷段部分的原理图。

如图所示,系统中,除了常规系统中设置的蓄热水箱、水位传感器以及控制器外,增设了一个回水管路,还多了一台增压循环水泵、一个电磁二通阀、一个水流传感器、一个温度

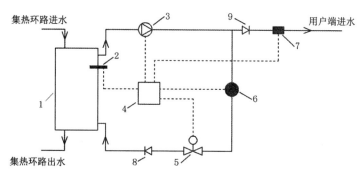

1. 蓄热水箱；2. 水位传感器；3. 水泵；4. 控制器；5. 电磁阀；
6. 温度传感器；7. 水流传感器；8.9. 单向阀

图 3 - 40　方案Ⅰ的用水负荷段部分原理图

传感器以及两个单向阀。

控制系统的输入信号为：

（1）温度信号：温度传感器 6 测得的回水管路中的水温 T；

（2）水位信号：水位传感器 2 测得的蓄热水箱水位高度 H；

（3）水流信号：水流传感器 7 测得的用户是否正在用水的信号 F。

控制系统的输出信号：

（1）控制电磁二通阀开闭的信号 C；

（2）控制循环增压泵启停的信号 S。

图 3 - 41 所示为电磁阀和循环增压泵的控制逻辑图。

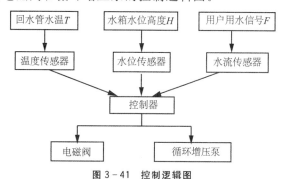

图 3 - 41　控制逻辑图

系统的具体控制逻辑为：

（1）当水箱水位高度 H 低于水箱允许的最低水位 H_0 时，电磁阀 5 和循环水泵 3 强制关闭，且提示用户应进行补水。

（2）当水箱水位高度 H 高于水箱允许的最低水位 H_0，且补水完毕后，且水流传感器 7 的信号为有水流时（即用户正在使用热水时），电磁阀 5 关闭，循环水泵 3 开启，增加供水水压，以提高用户的用水舒适度。

（3）当水箱水位高度 H 高于水箱允许的最低水位 H_0，且补水完毕，水流传感器 7 的信号为无水流（即用户未使用热水时），温度传感器 6 测得的水温 T 低于设定回水水温（例如 $45℃$，即供水管路中的水温低于设定热水用水水温）时，电磁阀 5 打开，循环泵 3 启动，将管路中的冷水压入蓄热水箱进行再加热,从而保证供水管路中的水温处在设定热水用水温度范围之内;当温度传感器 6 测得水温 T 达到供水温度(例如 55℃)时,循环水泵 3 停止运行,电磁阀 5 关闭。

(4)电磁阀 5 处于常闭状态。

以上内容所述为回水解决方案 I 的控制逻辑,这一方案可以有效地解决热水系统启用时的"热等待"问题。此外,家用太阳能热水系统常有蓄热水箱位置与用水点的位置高度差不足,导致系统供水压力不足的问题,尤其是对于紧凑式太阳能热水系统。该方案可在流量传感器检测到有用水需求时,开启增压泵来提高供水压力,从而有效地保证了用户的用水舒适度,也实现了设备用途的多功能化,弱化了增设设备的代价。

3.5.3 回水解决方案 II

图 3-42 所示为回水解决方案 II 的用水负荷段部分的原理图。

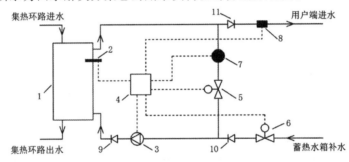

1. 蓄热水箱;2. 水位传感器;3. 水泵;4. 控制器;5、6. 电磁阀;
7. 温度传感器;8. 水流传感器;9、10、11. 单向阀

图 3-42 方案 II 的用水负荷段部分原理图

如上图所示,系统中,除了常规系统中设置的蓄热水箱、水位传感器、控制器以及补水增压泵外,增设了一个回水管路,还多了一个电磁二通阀、一个水流传感器、一个温度传感器以及两个单向阀(单向阀 9 和单向阀 11)。相对于方案 I,此方案的设备增量成本较少。

控制系统的输入信号为:

(1)温度信号:温度传感器 7 测得回水管路中的水温 T;

(2)水位信号:水位传感器 2 测得蓄热水箱水位高度 H;

(3)水流信号:水流传感器 8 测得用户是否正在用水信号 F。

控制系统的输出信号:

(1)控制电磁二通阀 5 开闭的信号 $C5$;

(2)控制电磁二通阀 6 开闭的信号 $C6$;

(3)控制补水循环增压泵 3 启停的信号 S。

图 3-43 所示为电磁阀和补水循环增压泵的控制逻辑图。

系统的具体控制逻辑为:

(1)当水箱水位高度 H 低于水箱允许的最低水位 H_0 时,电磁阀 5 关闭且提示系统应进行补水;电磁阀 6 打开,然后补水循环增压泵 3 启动,蓄热水箱补水。

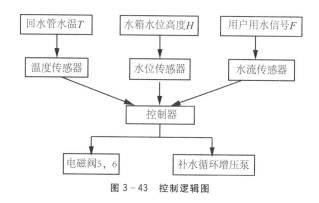

图 3-43　控制逻辑图

（2）当水箱水位高度 H 高于水箱允许的最低水位 H_0，且补水完毕，水流传感器 8 的信号为有水流时（即用户正在使用热水时），电磁阀 5 关闭，系统向用户供应热水。

（3）当水箱水位高度 H 高于水箱允许的最低水位 H_0，且补水完毕，水流传感器 7 的信号为无水流（即用户未使用热水时），且温度传感器 7 测得的水温 T 低于设定回水温度（例如 45℃，即供水管路中的水温低于设定热水用水水温）时，电磁阀 6 关闭，电磁阀 5 打开，循环泵 3 开启，将管路中的冷水压入蓄热水箱进行再加热，从而保证供水管路中的水温处在设定热水用水水温范围之内；当温度传感器 7 测得的水温 T 达到供水水温（例如 55℃）时，循环水泵 3 停止运行，电磁阀 5 关闭。

（4）电磁阀 5 和电磁阀 6 处于常闭状态。

上述为回水解决方案Ⅱ的控制逻辑，这一方案可以有效地解决热水系统启用时的"热等待"问题；与方案Ⅰ不同的是，此方案让补水泵兼作回水循环泵使用，因而，系统的增量成本要远低于方案Ⅰ，但不能增加供水时的供水压力，故适用于用水点位和蓄热水箱有一定的位置高度差或供水压力充足的承压系统。

3.5.4　回水解决方案Ⅲ

在回水解决方案Ⅰ和方案Ⅱ的基础上，方案Ⅲ可以兼顾两者的优点，它在方案Ⅱ的基础上增设一台供水增压泵来增加供水压力，其用水负荷段部分的原理如图 3-44 所示。

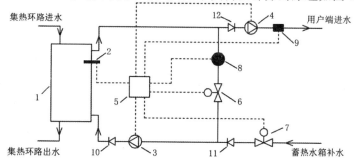

1. 蓄热水箱；2. 水位传感器；3、4. 水泵；5. 控制器；6、7. 电磁阀；
8. 温度传感器；9. 水流传感器；10、11、12. 单向阀

图 3-44　方案Ⅲ的用水负荷段部分构成图

如图 3-44 所示,系统中,与方案 II 相比,其在水流传感器 9 和单向阀 12 之间增加了增压水泵 4。

其控制系统的输入信号为:

(1)温度信号:温度传感器 8 测得回水管路中的水温 T;

(2)水位信号:水位传感器 2 测得蓄热水箱水位高度 H;

(3)水流信号:水流传感器 9 测得用户是否正在用水信号 F。

控制系统的输出信号:

(1)控制电磁二通阀 5 开闭的信号 $C5$;

(2)控制电磁二通阀 6 开闭的信号 $C6$;

(3)控制补水循环泵 3 启停的信号 $S3$;

(4)控制增压水泵 4 启停的信号 $S4$。

图 3-45 所示为电磁阀、补水循环泵以及增压水泵的控制逻辑图。

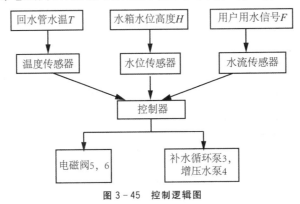

图 3-45　控制逻辑图

系统的具体控制逻辑为:

(1)当水箱水位高度 H 低于水箱允许的最低水位 H_0 时,电磁阀 6 关闭且提示系统应进行补水;电磁阀 7 打开,然后补水循环增压泵 3 启动,蓄热水箱补水。

(2)当水箱水位高度 H 高于水箱允许的最低水位 H_0 而且补水完毕后,且水流传感器 9 的信号为有水流时(即用户正在使用热水时),电磁阀 6 闭,增压泵 4 启动,系统向用户供应热水。

(3)当水箱水位高度 H 高于水箱允许的最低水位 H_0 且补水完毕,水流传感器 9 的信号为无水流(即用户未使用热水时),温度传感器 8 测得的水温 T 低于设定回水温度(例如45℃,即供水管路中的水温低于设定热水用水水温)时,电磁阀 7 关闭,电磁阀 6 打开,循环泵 3 开启,将管路中的冷水压入蓄热水箱进行再加热,从而保证供水管路中的水温处在设定热水用水温度范围之内;当温度传感器 8 测得的水温 T 达到供水温度(例如 55℃)时,循环水泵 3 停止运行,电磁阀 6 关闭。

(4)电磁阀 6 和电磁阀 7 处于常闭状态,增压水泵 4 处于常关状态。

上述为回水解决方案 III 的控制逻辑,这一方案可以有效地解决热水系统开启时的"热等待"问题和供水压力不足的问题,但相应的增量成本有所增加,即多了一台增压泵。

3.5.5　小结

本节针对太阳能热水系统使用过程中存在的"热等待"问题,即打开用水阀后必须先放尽用水管中的冷水才可正常使用热水,文中提出了三种通过增设一条回水管路解决问题的方案,其各自的特点为:

(1)方案Ⅰ的主要增量设备为一台循环增压水泵、一个电磁阀、一个温度传感器和一个水流传感器。它适用于依赖管网压力补水且供水点压力不足的系统,例如安装位置较低的紧凑式系统。

(2)方案Ⅱ的主要增量设备为一个电磁阀、一个温度传感器和一个水流传感器。回水管路中的循环泵由蓄热水箱的补水泵兼顾,因而可节省一台循环水泵的增量成本。它适用于采用增压泵补水且回水管路接入方便的系统,例如安装于屋面的分体式系统或小型承压系统。

(3)方案Ⅲ的主要增量设备为一台循环增压水泵、一个电磁阀、一个温度传感器和一个水流传感器,同时让蓄热水箱的补水泵兼做回水管路的循环泵。增设的增压泵安装于供水管路,仅用于提高热水供水压力。它适用于采用增压泵补水且供水点压力不足的系统,例如顶层用户采用安装于屋面的紧凑式系统。

3.6　保持水箱温度波动较少的补水方法研究

对于太阳能热水系统补水过程中出现水温波动而影响使用舒适性的问题,针对不同系统形式总结列举了不同的补水解决措施,并对不同措施的优缺点做了比较分析和推荐了适宜采用的措施。

3.6.1　引言

在热水系统的实际使用中,用户理想的用水状态为供水管可以引出热水箱中水温最高的部分且水温波动小,即热水供水温度受集热器的热水加热循环扰动和冷水补水的扰动影响小。影响这一用水舒适度的主要因素为:集热循环、热水用水以及冷水补水的进出水位置、各个进出水口的水流速度以及集热循环和补水的控制模式。

1)针对进出水、补水点位置的研究

由于不同温度水的密度不同,因此在重力作用下,蓄热水箱会呈现不同程度的温度分层,这使得水箱下部水的温度较低,而上部水的温度较高。这样既能降低集热器进口水温,提高集热器效率,又能增加可被利用的热水量,减少辅助加热量,从而提高太阳能保证率。要使蓄热水箱保持良好的温度分层,需对水箱的形状和进水、出水的接管位置进行合理布置,如果水箱的进、出水位置设计不合理或水箱形状选择不合理,进出水流会破坏水箱内水的温度分层,水箱内水温则会基本一致,从而达不到很好的用水舒适性和节能效果。上海理工大学的于国清、汤金华等人通过程序模拟对太阳能热水系统蓄热水箱温度分层作用进行了研究,研究发现:①就系统的太阳能保证率而言,水箱温度分层能够显著提高集热器的效率,大幅提高太阳能保证率(太阳能保证率由 54.5% 提高到 62.5%),这是由于温度分层的作用降低了集热器入口的水温,从而提高了集热器的热转换效率,进而提高了太阳能保证率;②就不同气候的地区而言,从北京,上海,广州三个地区水箱分层时太阳能保证率的情况来看,水箱分层比不分层有较大的提高,而且太阳能利用条件越好的地区,提高的幅度也略有增加。基于这一认识,目前的集热循环蓄热水箱大多采用立式圆柱形等具有较好分层效果的水箱,此外,根据经验,集热器出水管与热水供水管均设置在水箱顶部,回水管和补水管均设置在水箱底部。

2)针对进出口水流速度影响的研究

西安建筑科技大学的王登甲、刘艳峰等人对主动式太阳能热水蓄热系统进行了研究,分析了水箱进口水流速度对蓄热水箱温度分层效果的影响(所模拟水箱为正圆柱体,高为2m,上下圆半径为1m,集热器端水箱进水管距水箱顶部0.15m,集热器端水箱回水管和水箱补水管距水箱底面为0.15m,负荷端供水管为距水箱顶部0.2m,半径为0.03m的圆管),分析表明:①蓄热水箱进水管流速越小温度分层越明显,即热利用率越高,热水系统效率也相应提高,流速过大,会导致热水进口管与用户取水点短路,且水箱内混合损失增大,不利于蓄热水箱的热存储;这是由于进口流速增大时,造成水箱内的温度扰动也会相应增大,从而破坏水箱的温度分层效果;②基于案例分析得出,当进口流速为0.01m/s时,温度分层已经相当明显;当流速小于0.01m/s后,温度分层将不再有明显的变化,因此建议进水管最佳流速为0.01~0.05m/s。当前蓄热水箱的进水口常采用管端处设置渐扩管的方式来降低水的出流速度,以达到最佳流速。

3)针对补水控制模式的研究

(1)大连理工大学的王怀龙等人提出了一种逐级补水和加热的分级补水模式,即为了使补水时蓄热水箱内水温不会过低,水箱补水不一次性补满而是分段进行,在加水的同时保持水箱中的水温。具体为,控制仪测量的水位分为5级,当水位低于2级时,等待40min后强行补水,但每增加1级水位暂停补水,检测水箱水温是否低于允许补水的最低温度,若低于允许补水的最低温度,则等待水箱水温升高到允许补水的温度后再补水1级,循环上述过程,直至水箱加满。文章中辅助热源保证的最低水温设计为35℃,并且这一功能在集热循环运行时停止;允许补水的最低温度设计为43℃。因此即使在光照很弱的情况下,系统既可保证水箱处于富水状态,同时也可保证水箱中的水温,实现24小时供水。

(2)中南大学的赵芳等人根据长沙地区的气候特点,分别利用TRNSYS和数值计算的方法,建立数值模型,分析了即时补水模式(始终保持蓄热水箱水位不变)对系统性能的影响,研究发现:即时补水方式使蓄热水箱的水温波动很大,尤其是在没有太阳辐射时,会使蓄热水箱水温急剧下降,影响热水用水质量并造成能源浪费;并在此基础上提出了一种可依据太阳辐射情况的比例补水模式,经模拟分析,比例补水模式下,蓄热水箱一天内的水温波动情况明显优于即时补水模式。

基于上述分析,当前蓄热水箱的形状选取和进、出水位置的布置,甚至通过设置渐扩管来降低出流的水流速度的方案均在实际设计和应用中得到了普遍的共识和应用,因而本书不再对其作进一步的讨论,仅对保持水箱温度波动较少的补水控制模式进行探讨。

3.6.2 不同补水控制方式的适宜性研究

按照太阳能热水系统的不同形式和用户的不同使用方式,太阳能热水系统的补水方式大致可以分为如下几类:

(1)一次性补水。

(2)即时补水。

(3)分级补水。下面结合具体的系统形式和使用方式讨论各类系统所适宜的补水模式。

1)自然循环的紧凑式系统

该系统形式主要是依靠集热器和蓄热水箱中的水温差导致的密度差,进而形成的热虹吸作用来实现集热循环,没有机械加压设备,故而称为自然循环系统。由于其系统简单、成本低和维护方便等特点,在村镇地区以及城镇地区的多层住宅中有大量的应用。

按照其供水方式的不同,可分为直接供水和定温供水两种形式。图 3-46 所示为直接供水形式的系统图。

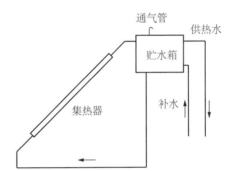

图 3-46 自然循环紧凑式系统直接供水形式构成图

该系统形式的特点是,用户端直接从蓄热水箱中获取热水,因而蓄热水箱的水温波动直接影响着用水温度的波动。

该系统目前有两种主要的控制模式:

(1)手动阀门控制补水(一次性补水模式)。其具体控制方案为,补水时,手动开启补水阀门,当溢流管出水时,关闭补水阀门,水箱补满。这种补水模式适宜白天不用水或极少量用水而夜间集中用水的用水模式,其可在夜间用水之后,一次性将水箱补满。这一补水模式具备集热时不破坏水箱温度分层,用水时水温无波动且几乎无设备增量成本的优点,但存在控制不便的缺点。

(2)水位分级控制补水(分级补水模式)。该模式为一种半自动的补水控制模式,其具体控制方案为通过一控制器实现对蓄热水箱的补水控制。控制器的面板如图 3-47 所示。

其具体控制方式为,控制器界面会实时显示蓄热水箱的水温和水位等参数,用户可依据实际使用情况和需求,通过控制器面板控制蓄热水箱补水且补水过程中可以显示蓄热水箱的实时水温。这一补水模式可用于多时间段用水的紧凑式系统,其可在每次用水之后,

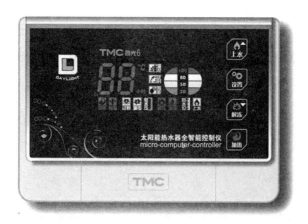

图 3-47 自然循环紧凑式系统直接供水形式控制器面板

依据当前的水温和下一次用水量需求以及后续的辐照状况来选择补水量,通过控制面板按下补水按钮后,补水电磁阀打开,蓄热水箱补水,再次按下补水按钮,补水电磁阀关闭,补水停止,用户可依据实时显示的蓄热水箱水温和水位来控制补水的启停。这一补水模式具备用水时水温波动小且控制相对便捷的优点,但略有增量成本且需要人为手动控制的缺点。

图 3-48 所示为定温供水形式的系统构成图。

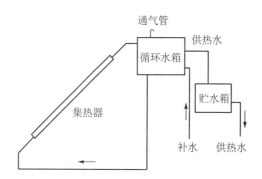

图 3-48 自然循环紧凑式系统定温供水形式系统图

与直接供水形式系统不同的是,这一系统形式在蓄热水箱的下方设置了一贮水箱,只有当蓄热水箱中的水温达到设定水温时,才通过虹吸作用将适温的热水引入到贮水箱,用户端从贮水箱中获取热水,因而用户端的水温不受蓄热水箱的水温波动的影响。

依据其用户端的水温不受影响的特点,这一系统可采用如下三种控制模式:

(1)手动阀门控制补水(一次性补水模式)。其具体控制方案为,补水时,手动开启补水阀门,当溢流管出水时,关闭补水阀门,水箱补满。这一补水模式可依据需要,随时进行操作,具备几乎无设备增量成本的优点,但存在控制不便的缺点。

(2)即时补水模式。其具体的控制方案为,当蓄热水箱有一部分水流入贮水箱时,补水阀立即开启,始终保持蓄热水箱为贮满的状态。该方案具有控制便捷,无需人工操作且设备增量成本低的优点,但蓄热水箱即时补水对蓄热水箱水温产生的波动会间接影响到流入贮水箱的水温,尤其是在太阳辐照较差的情况下。

（3）水位分级控制补水（分级补水模式）。该模式为一种半自动的补水控制模式,其具体控制方案为通过一控制器实现对蓄热水箱的补水控制。控制器的实物面板如图 3-47 所示,且其控制逻辑和方式也相同。

2）直流式太阳能热水系统

这一系统形式一般是通过市政管网的水压将自来水顶入太阳能集热器,当水温达到所需温度后,集热器入口端的阀门打开,在管网压力的作用下,集热器中达到目标水温的热水被压入贮水箱,从而达到制备热水的目的。

图 3-49 所示为直流式太阳能热水系统的系统构成图。

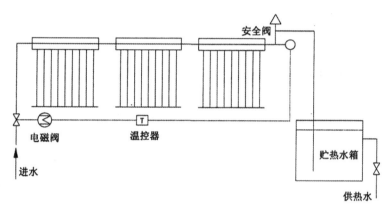

图 3-49　直流太阳能热水系统

该系统形式的特点是,进入贮热水箱中的水均是水温达到目标水温的热水,补水不对储热水箱中的水温波动造成影响,而只是影响其贮水量。

该系统的控制方式单一,具体为:

当温度控制器监测到集热器出口的水温达到目标水温时,集热器进口的电磁阀打开,在管网水压的作用下,将集热器中的热水压入贮热水箱,当温控器监测到集热器出口的水温低于目标水温时,电磁阀关闭,新充入集热器中的水进入闷晒模式。这一系统形式存在用水温度不受补水影响的优势,但对温控器和电磁阀的稳定性有较高的要求,因而其初投资和维护成本要高于紧凑式系统。

3）分体式和集中式热水系统

与紧凑式系统和直流式系统不同的是,分体式和集中式系统的系统组件集成程度更高,一般都直接内嵌了系统的控制逻辑,即控制模式固定。目前,该类系统主要为即时补水和分级补水两种形式,具体控制方式因内嵌控制逻辑的不同而异。

结合上述各类系统形式,以及其所采用的补水方式,分别从水温的波动影响、设备的成本增量、操作的便捷性以及系统的运行效率等几个层面分别进行打分,其结果如表 3-21 所示。

表 3-21 系统补水形式性能打分表

系统形式	补水方式		水温波动	成本增量	操作便捷性	系统效率	汇总
	分类	补充					
紧凑式 （单水箱）	一次性补水	手动阀门控制	6	9	3	3	21
	分级补水	水位分级控制	6	3	6	6	21
紧凑式 （分设贮水箱）	一次性补水	手动阀门控制	9	9	3	3	24
	即时补水	即时补水	9	6	9	9	33
	分级补水	水位分级控制	9	3	9	6	27
直流式	温控阀控制	\	9	0	9	9	27
分体式和 集中式	即时补水	即时补水	3	6	9	6	24
	分级补水	水位分级控制	9	3	9	6	27

3.6.3 自动切换补水控制模式的设定研究

基于太阳能热水系统的水箱设置形式，大致可以将其分为两类，单级水箱和多级水箱。单级水箱的特点为其太阳能集热端的储热水箱和负荷端的用水水箱是一个水箱，因此，这类系统的用水温度易受补水的影响。多级水箱系统的太阳能集热端的储热水箱和负荷端的用水水箱是分设的，由于系统的补水端口位于集热端的储热水箱，所以这类系统的用水温度几乎不受补水的影响，主要有前述的分设贮水箱的自然循环紧凑式系统、直流式系统以及集中集热分散储热的半集式系统。因此，以改善补水对用水温度波动的影响为目标，主要需考虑只设单个水箱的系统的改善。

对于只设单个水箱的热水系统而言，随着使用者对用水舒适性的要求的提高，在经济条件较发达的地区，部分使用者仅将太阳能作为热水的预热热源，并在太阳能系统的出水端再加设一个辅助的恒温燃气或电热水器，从而保证了用水温度的恒定。故而，这一系统使用形式，主要关注的是太阳能系统的集热效率（太阳能系统的效率提高可以降低辅助热源的消耗，从而减少运行成本），所以从这一角度考虑，这类系统更为适合采用即时补水的控制模式，以保证集热器进口的水温较低，从而提高集热器的集热效率。

针对只依靠太阳能单一热源来获得稳定热水的热水系统形式（紧凑式系统、分体式系统和集中集热集中辅热的集中式系统），本节结合前面研究中提出的回水解决方案的系统设置，提出一种分级恒温补水控制模式。

如图 3-50 所示，系统中，除了常规系统中设置的蓄热水箱、水位传感器以及控制器外，只增设了一个水流传感器。若系统采用回水解决方案，则系统没有产生增量成本。

控制系统的输入信号为：

（1）温度信号：水位及水温传感器 2 测得的回水管路中的水温 T；

（2）水位信号：水位及水温传感器 2 测得的蓄热水箱水位高度 H；

（3）水流信号：水流传感器 5 测得的用户是否正在用水的信号 F。

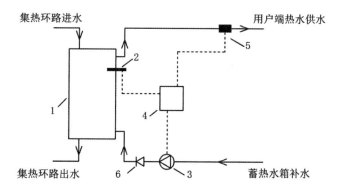

1. 蓄热水箱；2. 水位及水温传感器；3. 补水循环水泵；4. 控制器；5. 水流传感器；6. 单向阀

图 3 - 50　分级恒温补水模式系统原理图

控制系统的输出信号：

控制补水泵启停的信号 S。

图 3 - 51 所示为电磁阀和循环增压泵的控制逻辑图。

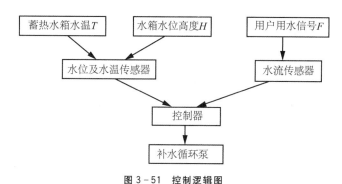

图 3 - 51　控制逻辑图

系统的具体控制逻辑为：

(1)当水箱水温达到目标水温,水位高度 H 低于最高水位,且水流传感器测得未在使用热水时,控制器控制补水泵进行补水(将蓄热水箱分为多个补水等级,所分的级数越多,则水温波动越小);当水箱水位提高一级后,控制器控制补水循环泵停止补水。

(2)当水箱水温达到目标水温,水位高度 H 低于最高水位,且水流传感器测得正在使用热水时,控制器控制补水泵停止补水。

(3)补水循环泵处于常闭状态。

上述内容为分级恒温补水模式的控制逻辑,这一方案可以有效地解决单水箱热水系统补水对用水温度波动的影响。从设备成本增量的角度考虑,由于本方案只增加了一个水流传感器,而单个水流传感器的价格约 60～90 元,因而增量成本较少,不会对用户造成大的成本负担。

3.6.4　小结

本节针对太阳能热水系统在使用中存在补水对用水温度波动的影响问题进行了探讨,

总结并评估了各类系统目前所常用的补水方式对用水波动温度的影响,并结合前述章节提出了回水方案提出了一种分级恒温补水控制模式。

3.7 集中式系统形式的计量收费方法研究

针对集中式太阳能热水系统在实际推广应用中合理收费的难点,本节分析了收费难的症结所在,并提出了一种将用水量与用热量解耦并累计计量收费的解决方案。

3.7.1 引言

集中式太阳能热水系统是指采用集中的太阳能集热器阵列和集中的贮水箱供给建筑物所需热水的系统。由于此系统具有结构、技术成熟、运行稳定的优势,因而多层和高层住宅以及公共建筑中常采用这一系统形式。其集热器通常布置在建筑的屋面或飘板上,贮水箱则放置在建筑屋面的设备机房或地下室。

按辅助加热方式的不同,集中式太阳能热水系统可分为集中辅助加热系统和分户辅助加热系统。

3.7.2 集中式系统的收费方法及存在问题

1)集中集热储热+集中辅助加热系统

该系统的特点是系统的集热、储热及辅助加热均集中设置,集成化程度高;热水系统管路简单,合理的干管循环回水可一定程度上保证供水品质。其系统原理如图 3-52 所示。

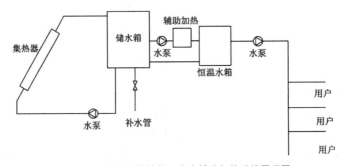

图 3-52 集中集热储热+集中辅助加热系统原理图

该系统存在主要问题是:集中辅助加热部分消耗的能源,需要分户计量来收取生活热水费,但由于冷热水收费差距较大,而各用水终端使用时常会放掉大量冷水造成浪费,且该部分冷水的计费问题会成为收费的矛盾焦点,给物业管理进一步增加了分户计量收费的难度。实践证明,该系统方案的收费易带来业主与物业管理之间的纠纷。由于太阳能本身产生的热水量直接受天气阴晴和季节的影响,如果不配套辅助热源,则热水供应量不能得到保证,业主必定有意见;如果配套辅助热源,当太阳能产热水量不足时,则可以利用电、燃气等辅助热源加热热水,确保热水供应,但供应用户的热水成本就随着辅助热源用量的变化而变化,给热水定价和收费带来麻烦,易使业主产生误解,从而带来纠纷。

2)集中集热储热+分户辅助加热系统

该系统集热器、蓄热水箱集中设置,可达到太阳能资源共享的目的;辅助加热分户设置,在阴雨天太阳能不足时,由住户根据需求自主选择是否需辅助加热,因此在用水时间上不受限制,能实现 24 小时供应热水,而且集热系统故障也不会对用户使用造成影响,相对于集中辅助加热系统较为简单。其系统原理如图 3 - 53 所示。

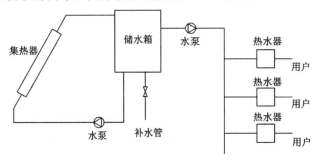

图 3 - 53　集中集热储热 + 分户辅助加热系统原理图

该系统无需另设热水水表,用户只需分摊集热系统循环泵和供水系统干管循环泵的电费及系统冷水费,用户直接使用自家的电或燃气对热水进行辅助加热,物业管理比较简单方便;而且供应热水以冷水的价格收费,在一定程度上能迎合用户的消费心理,体现了太阳能免费资源的优势。

3)集中集热分散储热式太阳能热水系统(半集中式系统)

该系统采用集中的太阳能集热器和分散的贮水箱供给建筑物所需热水。系统采用集中集热—分户储热—分户加热的形式,通过循环泵使集热器阵列与贮热水箱内的内部盘管换热器相连通,形成一个循环回路,进而将经过集热器转化而来的热量输送到每个用户的承压水箱中。系统监测用户水箱中的水温和集热器中介质的温度,通过比较两者的温差控制电磁阀,决定是否采用换热盘管将储热水箱中的水加热。在阴雨天太阳能不足时,由住户根据需求自主选择是否开启辅助加热,因此在用水时间上不受限制,能实现 24 小时供应热水。用水时,热水由冷水顶出或依靠水泵加压。该系统的集热部分可承压运行,系统采用闭式循环,故而避免了因水质引起的管路和集热器结垢。经过太阳能加热的水(或其他介质)仅作为热媒使用,确保了用户使用热水的清洁。其系统原理如图 3 - 54 所示。

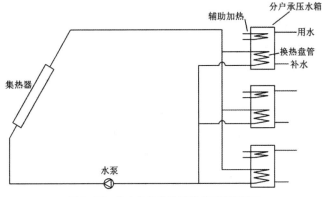

图 3 - 54　集中集热分散储热式系统原理图

该系统因为分户储热、分户加热,充分利用了太阳能资源,并将运行费用分摊到每户,用户直接使用自家的水和电,不需要物业另行收取太阳能水费和电费或燃气费等,所以物业管理比较方便和简单。

3.7.3 集中式系统的收费方法探讨

通过对上述三种典型集中式系统的分析可知,集中集热储热＋分户辅助加热式系统以及集中集热分散储热式系统的辅助热源均为各个用户自家的电或燃气等,物业只需按照各户的热水消耗量以自来水的价格进行收费,此外,各户均摊太阳能热水系统的增设和运营维护成本即可。所以这两种系统不存在收费纠纷问题。

相比之下,集中集热储热＋集中辅助加热式系统采用集中辅助加热的水温保持方式,由于用户的用水时间和用水量不统一且可能差距较大,故这一辅助加热方式不能实现按需加热的需求,易产生能源无效浪费的情况。例如,在非用水时间段消耗热源维持水温、在入住率较低的情况下加热远大于实际需求的热水量等均为辅助热源无效浪费的情况。基于上述因素,易产生热水收费方式不合理或定价高于用户预期等纠纷问题。

经过上述分析可知,除了合理的用户可接受的收费模式,物业通过合理的运营来降低辅助热源的无效使用从而根本上降低用户的热水使用费用也是避免收费纠纷的关键。

从物业的运营和系统设置角度,可以采用分设小水箱和分级加热的方法,避免出现辅助加热量与用户热水需求量不匹配的情况,从而在保证用户用水质量的同时,降低辅助热源消耗费用。例如,在热水量需求不大的时刻,采用分设的小水箱供应热水需求,在热水需求量大的时刻采用分级加热的辅助加热方式。

从收费模式的角度,基于收费纠纷的症结在于系统采用集中辅助加热的方式,使得所消耗的能耗在合理的分摊上遇到困难,而辅助能源的消耗影响的只是水温,故而可以尝试通过将用水量和用热量相离散的方式来解决水温波动对于收费的影响。具体方式为在计费的时候将用水量和用热量单独进行计费并累加,其收费的计算公式如下:

$$F = F_{CW} + F_{HEAT} = q_{cw} \times \lambda + \frac{Q_i}{Q} \times G \times \theta + \omega$$

式中　F——住户需付费用(元);

　　　F_{CW}——用水量费用(元);

　　　F_{HEAT}——用热量费用(元);

　　　q_{cw}——用水量(m^3);

　　　λ——自来水单价(元/m^3);

　　　Q_i——某一住户的用热量(kJ);

　　　Q——所有住户的总用热量(kJ);

　　　G——辅助热源消耗量(kW·h;以电为例);

　　　θ——辅助热源单价(元/kW·h;以电为例);

　　　ω——日常运营维护分摊费用(元)。

其中所提及的热量计量可以采用集中供暖系统的分户热量计量设备进行计量。由于热量计量本身就包含了对流量的计量,该计量收费方案的增量成本只是一套热量计量设备,同时减去了流量计量设备的成本。

3.7.4　小结

通过上述分析可知,集中式太阳能热水系统的收费模式主要决定于所采用的集中式热水系统形式,而易产生收费纠纷的矛盾关键点在于辅助能源消耗费用的合理分摊。集中集热储热＋分户辅助加热系统和集中集热分散储热式系统通过在各个用户家中实现辅助加热,即消耗用户自家的辅助热源,有效地避免了辅助能源消耗收费的矛盾。而对于集中集热储热＋集中辅助加热的系统而言,由于辅助热源是作为共用能源消耗的,因而以合理的且居民能接受的收费方法进行收费才是解决收费纠纷的关键。针对这一问题症结之所在,本节第二小节提出了一种将用水量和用热量解耦并累加计量收费方法,通过将用水量和用热量单独进行计量收费,充分迎合了用户要求收费公平合理化的心理,易于被用户所接受,避免了物业直接按用水量收费造成的单位水量定价说不清道不明的困局。同时,通过将热量用量的收费透明化,也会激励物业单位通过合理的运营来降低单位加热量多消耗的辅助热源量,从而能够真正实现节能的目的。

3.8　集中式系统适用全年多种工况的设计方法研究

针对集中式系统季节性供热差异大的问题,本节提出了一种将不同季节的热水需求与全年辐照分布相匹配的设计方法,并通过动态模拟分析工具对该设计方法进行验证。

3.8.1　引言

随着人民生活水平和需求的不断提高,作为人们活动载体的建筑的能耗也相应地不断增大。当前,太阳能热水系统已在各类建筑中得到了广泛应用。为了减少常规辅助能源的消耗,集中式系统常会设置较高的太阳能保证率。但由于缺乏针对性的设计和科学的指导,高保证率的太阳能热水系统在实际使用中常出现系统夏季过热以至无法使用,冬季热水供应不足而消耗过多的辅助热源以至经济性不高的问题。

本节将以办公建筑的太阳能热水系统设计为分析案例,结合其热水需求特点,对太阳能热水系统的优化设计方案进行探讨。

3.8.2　办公建筑的热水需求特点

本节以上海地区的一个 100 人的小型办公建筑为分析案例。对于高档办公建筑而言,其生活热水用水主要为卫生间洗手等用水,随着季节的不同,热水的用途和用量差别较小。

为使分析案例具备普遍性,热水用水量依据《民用建筑节水设计标准》(GB 50555—2010)确定。依据节水设计标准,办公建筑的节水用水定额为 5～10 L/(人·班);我们取平均值 7.5 L/(人·班)。如果按照冬夏季节区分,可得到表 3-22 所示的夏季和冬季日均热水用量表,其中夏季和冬季的日均热水用量相同,分别为 750 L 和 750 L,两者的比例为 1。

表 3-22　冬夏季日均热水用量表

季节	盥洗/L	总计/L
夏季	750	750
冬季	750	750

3.8.3　太阳能热水系统的性能分析指标

为便于对系统的性能进行比较,针对太阳能系统的节能性和夏季运行的稳定性,我们选取太阳能保证率 f 和系统过热时长 h_o 作为系统性能的评价指标。

1)太阳能保证率

太阳能热水系统保证率 f 可定义为太阳能提供的热量与系统总热负荷的比值,其表达式为

$$f = \frac{Q_{solar}}{Q_{load}}$$

式中　　Q_{solar}——太阳提供的热量;

Q_{load}——热水系统的总热负荷。

提高太阳能保证率,可在保证热水供应质量的基础上减少辅助能源的消耗,达到充分利用可再生能源并提高运行经济性的目的。

2)关于太阳能热水系统出现过热问题

设置较高的太阳能保证率虽然可以提高运行的经济性,但若系统设计不合理,极易在夏季出现系统过热,从而引发系统损坏故障以及安全事故。我们定义太阳能热水系统运行一年出现的过热时长 h_o 来作为分析太阳能热水系统是否过热的指标。

3.8.4　太阳能热水系统方案比较分析

1)系统形式选择

当前公共建筑大多采用集中式系统,大致有前面章节所述的集中集热储热＋集中辅助加热、集中集热储热＋分户辅助加热以及集中集热分散储热三种系统形式。对于小型办公建筑而言,从空间集约化利用的角度,应选用集中集热储热＋集中辅助加热或集中集热储热＋分户辅助加热的系统形式。进一步考虑到系统的节能性以及分户计量的可能性,本节以集中集热储热＋分户辅助加热系统作为分析对象。

2)常规设计方案

太阳能集热器作为太阳能热水系统的热量转化和收集部件,其参数的设置对热水系统的性能有着决定性的影响。一般太阳能热水系统的集热器面积可依据系统的日平均用水量、用水温度等参数按如下公式进行计算:

$$A_c = \frac{Q_w c \rho (t_r - t_l) f}{J_T \eta (1 - \eta_L)}$$

式中　A_c——集热器面积(m^2)；

$\quad\quad\quad Q_w$——设计日平均用热水量(L)，取值 750L；

$\quad\quad\quad c$——热水的定压比热容($kJ/(kg \cdot ℃)$)；

$\quad\quad\quad \rho$——水的密度(kg/L)；

$\quad\quad\quad t_r$——热水设计水温(℃)，取值 60℃；

$\quad\quad\quad t_l$——水的初始温度(℃)，取值 15℃；

$\quad\quad\quad f$——年太阳能保证率；

$\quad\quad\quad J_T$——当地集热器采光面上的年平均日太阳能辐照量(kJ/m^2)；

$\quad\quad\quad \eta$——集热器的集热效率，取值 50%；

$\quad\quad\quad \eta_L$——系统的的热损失率，取值 0.12。

　　基于尽可能地充分利用太阳能资源从而减少所需集热器面积以节约初投资成本的目的，当前太阳能热水系统的主要设计思路为选取年累计太阳能辐射量最大的采光面作为集热器的安装斜面，进而确定集热器的安装倾角、方位角以及面积。考虑到系统设置的一般性，集热器布置方位角仅考虑正南。表 3-23 所示为方位角为正南向的情况下，采用 Reindl 模型计算得到的不同倾角斜面上的年日均累计太阳能辐射量。

表 3-23　年日均累计太阳能辐照量

集热器倾角/°	0	10	20	30	40	50	60	70	80	90
日均辐照量/(MJ/m^2)	12.97	13.42	13.63	13.58	13.28	12.75	12.00	11.04	9.98	8.64

　　由表 3-23 可知，当集热器倾角为 20° 时，单位面积上的年日均累计辐照量达到最大为 $13.63mJ/m^2$，因此，选取 20° 作为集热器的安装倾角。此外，考虑到办公建筑生活热水用量相对较少，可选取较高太阳能保证率的特点，此处太阳能保证率取值 65%。结合上述公式可计算得到，热水系统所需的集热器面积为 $15.3m^2$，取整为 $16m^2$（为保证系统的设计保证率向上取整）。储热水箱的容积可设为 600L。则常规设计太阳能热水系统方案的参数如表 3-24 所示。

表 3-24　常规设计太阳能热水系统方案的参数

项　　目	参　　数
集热器面积	$16m^2$
集热器安装倾角	20°
储热水箱容积	600 L

　　3）优化方案

　　区别于所述的常规设计方法，本节提出的优化设计方案以匹配热水系统的夏、冬季热水用量和全年的太阳能辐照分布为目标，具体为根据夏季和冬季的热水用量比例选取集热器采光面上夏季与冬季的累计辐照比例与之接近的倾斜面作为集热器的安装平面，进而确定集热器的面积等系统参数。表 3-25 所示为不同倾角斜面上的夏季和冬季日均累计辐照值以及两者的比例。

表 3-25　夏季和冬季的日均累计太阳能辐照量以及两者的比例

集热器倾角/°	0	10	20	30	40	50	60	70	80	90
夏季日均辐照量/(MJ/m²)	18.10	18.03	17.62	16.90	15.91	14.68	13.25	11.66	9.96	8.26
冬季日均辐照量/(MJ/m²)	8.81	9.79	10.57	11.13	11.47	11.57	11.42	11.02	10.39	9.52
比例	2.06	1.84	1.67	1.52	1.39	1.27	1.16	1.06	0.96	0.87

由表 3-25 可知,在集热器倾角为 70°和 80°时,夏季和冬季的热水用量比例与太阳辐照量比例最为接近,分别为 1 和 1.06 以及 1 和 0.96。因此,兼顾太阳辐射总量的大小,选取 70°作为集热器的安装倾角。在太阳能保证率仍设定为 65% 的情况下,结合上述公式可计算得到所需集热器面积为 18.8m²,取整为 18m²(相比于常规设计方案,集热器面积增加,宜向下取整)。则优化比较设计方案的太阳能热水系统参数如表 3-26 所示。

表 3-26　比较设计方案的太阳能热水系统参数

项　目	参　数
集热器面积	19m²
集热器安装倾角	70°
储热水箱容积	600 L

3.8.5　比较分析与讨论

为比较分析常规设计方案和优化设计方案两者的性能,我们采用动态模拟软件 TRNSYS 分别建立了两者的系统模型,并选取 TRNSYS 中上海地区的典型气象年(TMY)文件作为气象数据,对两者的全年性能作了动态模拟分析。其中,过渡季的热水需求分布按夏季和冬季的平均值进行设置。

1)实际太阳能保证率

图 3-55 所示为两种方案中各月太阳能保证率的分布。

如图 3-55 所示,常规方案中各月太阳能保证率随着月份的变化呈现为先增加后减小的趋势,与各月太阳辐照的强弱变化相一致,其冬季和夏季的太阳能保证率差异较大,冬季 1 月份的保证率仅为 25%,而夏季 7 月份的保证率高达 81%,两者相差 56%,全年保证率为 50.9%;相对而言,优化方案中冬季和夏季太阳能保证率差异较小,冬季 1 月份的保证率为 33%,夏季 8 月份的保证率为 62%,两者相差 29%,保证率在过渡季的 9 月份达到最高,为 73%,全年保证率为 52.1%。因此,比较两种方案下的太阳能保证率分布,可以发现比较方案的数值分布与冬季和夏季的热水用量分布更为接近,因而匹配性更好。此外,比较方案的年太阳能保证率更高。

太阳能热水系统实际运行中,其性能受用水时间分布和太阳辐射波动的影响较大。对

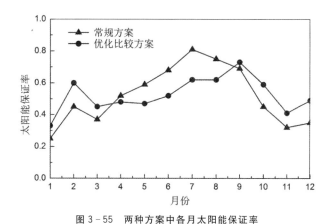

图3-55 两种方案中各月太阳能保证率

于应用于办公建筑的本系统而言,由于热水的使用时间主要集中在太阳辐射较好的半天时段,与太阳辐射最好的日间时刻相一致。因而,系统出现下午时刻达到保护水温而使集热环路停止运行的情况还相对较少,而常规设计方案的保证率与优化比较方案的保证率差距不是很大。

2)关于是否出现过热问题

过热现象的出现不仅会使系统无法正常运行,同时也会导致系统管件连接处泄漏、部件损坏等问题,甚至会在系统泄压时引发安全事故。因而,在系统设计和运行中应尽量避免过热问题的出现。图3-56所示为两种系统方案在各个月的过热时长分布。

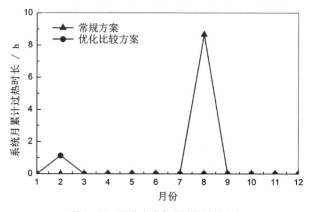

图3-56 两种方案各月过热时长分布

如图3-56所示,常规方案在太阳辐射较好的8月,出现了长达到8.67h的过热状况;优化比较方案的系统由于加大了集热器安装倾角的设置,有效地降低了系统在夏季接受到的太阳辐射量,从而避免了在夏季过热的出现,其只在冬季2月份有1.12h的累计过热时长。通过比较两种方案的过热时长,可以发现,优化比较方案的运行稳定性和安全性要优于常规方案。

3)经济性

太阳能热水系统的经济性是推动其得到普遍应用的主要因素,因此系统运行的经济性必须作为考量的主要因素。图 3-57 所示为两种方案各个月中辅助热源的电耗分布。

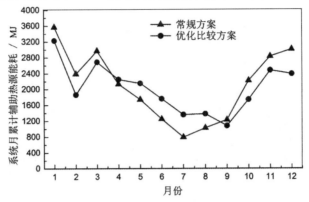

图 3-57　两种系统方案在各个月的辅助热源的能耗分布

如图 3-57 所示,常规方案在夏季的辅助热源消耗略低于优化比较方案,而其他月份的辅助热源消耗均高于优化比较方案。常规方案系统的全年辅助热源能耗为 25 200mJ,若以电加热作为辅助热源,即为 7 000kW·h;优化比较方案系统的全年辅助热源能耗为 2 4400MJ,即 6 778kW·h;则优化比较方案比常规方案每年节约电耗 222kW·h。按照每度电 1 元折算,优化比较方案比常规方案每年节约电费 222 元。优化比较方案比常规方案多设置了 $3m^2$ 集热器,按 800 元$/m^2$ 计算,则优化比较方案相对于常规方案的回收期为 10.8 年,而太阳能热水系统的使用寿命一般为 15 年,故而在使用期内,优化比较方案的增量成本可以得到回收。通过比较可以发现,优化比较方案的运行更具有经济性。

3.8.6　小结

本节以办公建筑为例,结合太阳能热水使用特点,针对集中集热储热＋集中辅助加热的系统形式,提出了一种以匹配全年热水需求分布与辐照分布为目标,进而确定集热器倾角、面积等参数的系统优化设计方案,且通过建立动态分析模型比较了该方案与常规方案的性能。结果表明:

(1)所提出的优化比较方案与常规方案相比,集热器安装倾角有大幅度的增大,使得单位采光面积上的年太阳能辐射有所减少;但夏、冬季的太阳辐照分布与对应的热水用量的匹配性更好,从而一方面增强了系统冬季的集热量,另一方面也有效地降低了系统在夏季接受到的太阳辐射,进而避免了系统过热的出现。

(2)与常规方案相比,所提出的优化比较方案的实际年运行太阳能保证率更高,且集热器面积增加的初投资也可以在系统的使用年限内得到回收。因而,所提出的系统方案在性能和经济性上均具有一定的优势。

本节所提出的系统设计方法与常规设计方案的不同点主要在于集热器阵列倾角的确定,以及相应的集热器面积的确定,具体为:

(1)集热器倾角的确定。常规设计方案基于最大程度的提高集热器单位面积集热量考虑,选取年太阳辐射量最大的采光面的倾角作为集热器倾角,一般为当地的纬度角;而本节提出的优化比较方案,在用水量计算时,需按照冬夏季分别计算,然后选取冬夏季太阳辐射比例与冬夏季热水用量比例接近的采光面的倾角和方位角作为集热器阵列的倾角和方位角。

（2）集热器面积的确定。常规设计方案由于以太阳辐射最大面作为采光面，因而其集热器面积按照太阳辐射最大面上的年辐射值进行计算得到；而本节提出的设计方案由于集热器倾角一般情况下会偏离辐射最大采光面的倾角（取决于冬夏季热水负荷的差异），因而为保证太阳能保证率，需以布置倾角采光面上的年太阳辐射量进行计算。

本节所提出的设计方法主要是为了解决冬夏季用水量差距大的集中式系统由于采用常规的设计方法而易产生的夏季过热和冬季产热量不足问题，同时辅以集热器面积的修正可以兼顾系统的太阳能保证率要求和经济性。对于住宅、酒店式公寓、公共浴室等冬夏季用水量存在差异的集中式系统，可参照本节分析案例进行设计，与常规太阳能热水系统的设计方法的主要差异在于集热器阵列倾角及面积的确定，其具体步骤为：

（1）按热水系统的使用需求，分别整理出系统的夏季和冬季典型日的热水负荷，有需要的情况下也可以进一步整理出过渡季典型日的热水负荷（如若是在某个月份有特殊的需求，例如某个月的热水需求量相对于其他月份特别大，也可以单独整理出这个月典型日的热水负荷）。

（2）整理出不同可布置倾角采光面上各个月的累计太阳辐射值。

（3）按上述第（1）条中整理出的典型日热水负荷，依据上述第（2）中整理出的不同倾斜面的各个月辐射值，找出最为匹配的倾角值（例如，若冬夏季的热水负荷差异突出，则可找出冬夏季太阳辐射比例与冬夏季热水需求比例最为接近的采光面的倾角作为集热器的倾角，例如，若系统某个季节或月份的热水需求较为突出且需重点保证，则可以选取在这个季节或月份辐射值最高的采光面的倾角作为集热器阵列的倾角）。

（4）按照所选定的倾角采光面的辐射数据计算集热器面积的需求量，即确定集热器阵列的面积（由于各个倾角斜面上的累计辐射数据存在较大差异，应按所选定的倾角斜面上的累计辐射数据进行计算）。

（5）后续水箱容积的确定等可按一般设计流程来确定，具体的参数可参照本节中前述内容进行设定。

第 **4** 章　基于计算机技术的辅助设计工具开发研究

4.1　基于三维模型环境下的光伏光热一体化设计软件平台的开发

　　课题基于草图设计大师SketchUp软件环境采用ruby语言二次开发了满足光伏光热一体化设计的软件平台,在建筑方案设计阶段引入光伏、光热的一体化设计,使得光伏和光热板可以获得最佳的安装角度、安装位置和安装面积,将光伏、光热的组件设计、辐照量分析、发电量、产热量计算、造价估算以及目标评价集成一体,并提升建筑设计的效率。

4.1.1　开发背景

　　随着建筑节能的快速发展,太阳能光伏系统在建筑领域应用日益增多。太阳能光伏系统的效率以及一体化效果是建筑应用好坏的关键。

　　根据调研可知,受到建筑设计流程的影响,太阳能热水、光伏系统作为设备专业设计,在方案设计阶段较少介入。大部分太阳能建筑应用,还处于附加设计状态,甚至很多情况由专业厂家设计,设计院套用图框的方式。

　　大多数情况,建筑师需要根据集热器或光伏板的形状去进行外立面整合设计,而不像玻璃幕墙或其他外立面构件可以适应建筑师的设计方案而去适应性构建。正因为在太阳能光伏光热建筑设计一体化应用中出现了一些问题,如由于后期附加设计,立面整合时,只能依据现有外形进行整合,故角度、朝向、安装方式都不能达到最佳,见图4-1,由于建筑限高,建筑视野控制等要求,集热器或光伏板不能按照最佳倾角进行安装,见图4-2。

　　现有的设计方法是建筑师一般根据建筑表面效果的需要设计光伏板系统,或者当建筑设计已完成之后,在可行的区域由光伏厂家进行布置。有时还需要专业咨询工程师对光伏系统的发电容量进行校核。

图4-1　朝向角度不理想的案例

图4-2　角度非最佳的案例

此种设计方法主要存在四种问题:①建筑师设计光伏板时通常未考虑建筑安装以及光伏板吸收太阳能的需要,导致最终效果不理想,或者施工图深化阶段进行较大的改动,因而满足不了一体化的设计效果;②光伏厂家的深化结果只注重了容量的最大化,无法与建筑效果以及日后的空间使用相结合;③多个工种的不良配合,导致设计效率降低;④由于前期一体化设计不合理,导致实施效果的偏离。

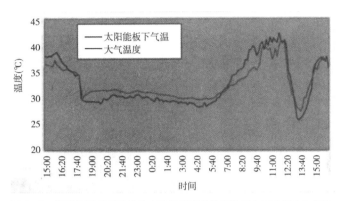

图 4 - 3 背板通风间距不好的太阳能板下空间气温与大气温度对比分析

本研究的目的在于提供基于 SketchUp 环境下的光伏光热建筑一体化设计方法,设计方法力求操作简单、高效,设计结果更易得到实施。

总体思路是在建筑方案设计阶段就引入光伏、光热的一体化设计,使光伏和光热可以获得最佳的安装角度、安装位置和安装面积,即在建筑方案设计的常用软件平台 SketchUp 环境下进行二次开发,将光伏、光热的组件设计、辐照量分析、发电量和产热量计算以及目标评价集成一体,具体研究的技术路线如图 4 - 4 所示。

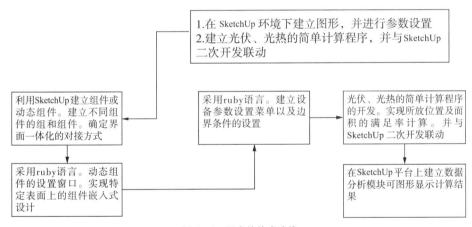

图 4 - 4 研究的技术路线

实施步骤如下:

(1)利用 SketchUp 建立组件或动态组件,建立不同组件的组合组件,确定界面一体化的对接方式。

(2)采用 ruby 语言,动态组件的设置窗口,实现特定表面上的组件嵌入式设计。

(3)采用 ruby 语言,建立设备参数设置菜单以及边界条件的设置。

(4)光伏、光热的简单计算程序的开发,实现所放位置及面积的满足率计算,并与 SketchUp 二次开发联动。

(5)在 SketchUp 平台上建立数据分析模块,可图形展示计算结果。

4.1.2 需求分析

1)不规则表面的光伏一体化设计案例

(1)项目背景

某商业综合体建筑面积28万 m^2,按照图4-5方案设想,希望利用其曲面屋顶进行光伏利用设计。

图4-5 项目设计方案

(2)设计目标

依据现行国家标准《绿色建筑评价标准》(GB/T50378—2014)中第5.2.16条,根据当地气候和自然资源条件,合理利用可再生能源,评价总分值为10分。按该标准中的表5.2.16的规则评分,见表4-1。

表4-1 由可再生能源提供的电量的得分评分表

由可再生能源提供的电量比列 R_e	$1.0\% \leqslant R_e < 1.5\%$	4
	$1.5\% \leqslant R_e < 2.0\%$	5
	$2.0\% \leqslant R_e < 2.5\%$	6
	$2.5\% \leqslant R_e < 3.0\%$	7
	$3.0\% \leqslant R_e < 3.5\%$	8
	$3.5\% \leqslant R_e < 4.0\%$	9
	$R_e \geqslant 4.0\%$	10

根据项目的特点,按照表4-1,设定的可再生能源提供的电量比例目标为不小于2%,由《市级机关办公建筑合理用能指南》《星级饭店建筑合理用能指南》《大型商业建筑合理用能指南》和《综合办公建筑合理用能指南》可知,项目太阳能光伏系统的年发电量须达到112万 kW·h方可达到设计目标。

(3)光伏一体化的布置位置设计

由设计资料可知,屋顶总面积约为8.25万 m^2,见图4-6,如果曲面屋顶全部安装光伏电池板,总的年发电量远大于112万 kW·h,因此需要找出辐照量最好的表面布置区域。

图4-6 曲面屋顶

为了找到辐照量最好的表面布置区域,目前常用的设计方法步骤是①基于 SketchUp 的曲面屋面方案,利用 Rhino3D 软件进行结构找形和网格优化;②利用 Ecotect 等辐照量计算软件,计算曲面屋面的辐照量分布,确定发电量目标对应的表面布置区域;③依据计算得到的表面布置区域在 SketchUp 中进一步深化设计。

图 4-7　太阳辐射分布图

图 4-7 中亮色部分是依据年发电量须达到 112 万 kW·h 确定的区域,安装面积须 7 000m²,即装机容量为 840kWp,投资费用约 1 850 万元。

(4)分析

该项目由于曲面屋顶的面积较大,达到 8.25 万 m²,因此网格数量将达到 1 万个以上,见图 4-8,因此利用 Ecotect 进行辐照量计算时间较长,即满足一定精度要求的计算时间将达到 48h 以上,此外,由于中间过程涉及了至少三个软件,模型转换过程中难免出现模型误差,因此 Ecotect 中计算模型网格划分很难与犀牛软件一致,导致 SketchUp 中进一步深化设计时,只能根据 Ecotect 中的计算结果进行大致的进一步深化设计。

图 4-8　网格示意图

2)常规平屋面的光伏一体化设计案例

(1)项目背景

某教学综合楼,建筑面积 2.36 万 m²,按照图 4-9 方案设想,希望利用其平面屋顶进行光伏利用设计。

图 4-9　光伏一体化设计方案

(2)光伏一体化设计

项目设计以用于教学实验和展示功能,因此尽量利用可利用屋面进行设计。根据项目屋顶情况,共可布置光伏板 397 块,总容量为 77 415Wp,总造价约为 116 万元。根据计算分析,该方案年发电量为 75 128kW·h,占该建筑年耗电量的 2.6%,年节约费用约为 14.4 万元,即投资回收期约为 8 年。

（3）分析

与不规则表面光伏一体化设计案例不同,项目的辐照量计算相对简单,最大问题是,项目涉及光伏板397块,进行设计布置时,耗时较长,至少花费1h左右,如图4-10所示。

图4-10 光伏板布置近视图

3）小结

综上分析可知,基于三维模型环境下的一体化设计方法应该具有以下功能:

（1）应包括太阳能热水系统、太阳能光伏系统。

（2）至少应解决在方案设计阶段（SketchUp模型）、BIM设计阶段（Revit模型）中如何快速进行光伏光热系统的一体化设计,包括组件与围护结构的一体化,管路、水箱、水泵、汇流箱、逆变器等辅助构件的一体化设计。

（3）并能进行快速的性能分析,光伏、光热的简单计算程序主要用于计算布置方式的面积是否能够满足热水、发电的目标要求。

4.1.3 平台开发

1）软件平台的架构操作研究

本研究提出的基于三维模型环境下的光伏光热一体化设计平台的操作,包括输入建筑类型、建筑基本信息,输入可再生能源利用目标,输入一体化表面类型,输入一体化构件的相关参数,输出可行的一体化构造（动态图形组件）,计算结果年发电量等,如图4-11所示。

具体操作步骤如下:

（1）输入建筑类型、建筑基本信息（面积、使用人数等）。

（2）输入可再生能源利用目标（热水负荷比例、用电量比例等）。

（3）选择表面类型（立面、曲面、平屋面、弧形屋面、锯齿型波形屋面、阳台、玻璃幕墙等）。

（4）选择一体化构件类型［光伏组件（板、柔性）、集热器（平板、真空管）］。

（5）输出可行的一体化构造（动态图形组件）。

（6）选择某一种动态图形组件。

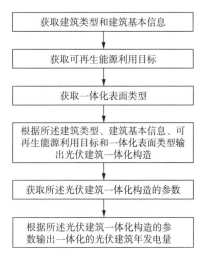

获取建筑类型和建筑基本信息

获取可再生能源利用目标

获取一体化表面类型

根据所述建筑类型、建筑基本信息、可再生能源利用目标和一体化表面类型输出光伏建筑一体化构造

获取所述光伏建筑一体化构造的参数

根据所述光伏建筑一体化构造的参数输出一体化的光伏建筑年发电量

图4-11 设计平台操作流程

(7)设置动态图形组件的相关参数(包括绘图方法、连结方式、关键组件的尺寸、间隔间距、与表面间距等)。

(8)插入图形组件(包括复制、旋转、移动等修改完善操作)。

(9)设置关键参数(包括转化效率等)。

(10)运行计算。

(11)输出结果,并与可再生能源利用目标比较。

(12)完成。

2)软件平台界面开发

(1)主界面

本软件基于 SketchUp 平台开发,主界面即为 SketchUp 软件界面,如图 4-12 所示。

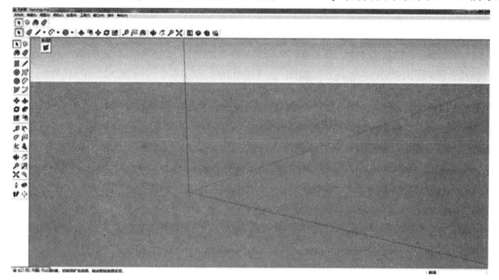

图 4-12 基础平台 SketchUp 软件

主要不同的是主界面增设了自定义菜单—插件—Solar PV Design。

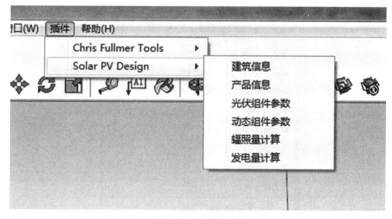

图 4-13 插件菜单

(2)建筑信息

第一步骤是点击自定义菜单—插件—Solar PV Design—建筑信息，如图 4-14 所示。

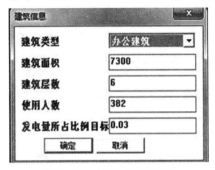

图 4-14　建筑信息设置界面

需要输入建筑类型、建筑面积、建筑层数、使用人数、发电量所占比例目标等基本参数。

（3）产品信息

第二步骤是通过点击自定义菜单—插件—Solar PV Design—产品信息或建筑信息界面的确定按钮，进入产品信息界面，如图 4-15 所示。

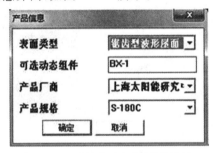

图 4-15　表面类型和产品设置界面

需要输入表面类型、可选动态组件、产品厂商、产品规格等基本参数。

（4）光伏组件参数

第三步骤是通过点击自定义菜单—插件—Solar PV Design—光伏组件参数或产品信息界面的确定按钮，进入光伏组件参数界面，如图 4-16 所示。

图 4-16　产品参数设置界面

需要输入开路电压、短路电流、最佳工作电压、最佳工作电流、最大输出功率、填充因子、光伏转换效率、逆变器效率等光伏组件系统主要参数。

（5）标准组件绘制

第四步骤通过点击光伏组件参数界面确定按钮之后，标准一体化组件绘制完毕，如图4-17所示。

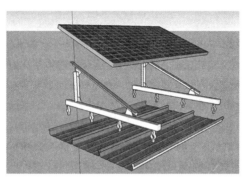

图4-17　绘制完成的标准组件

设计师可以利用标准组件进行复制粘贴移动等命令，完成大面积的光伏一体化自由设计，也可选择区域自排功能，自排结果如图4-18所示。

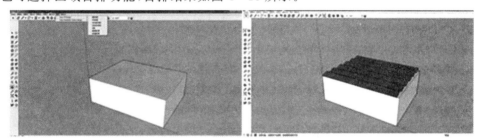

图4-18　矩形区域的自动排列布置

（6）辐照量计算

辐照量计算可用于复杂曲面或一般表面的辐照量计算，用于确定最佳的光伏一体化布置区域，辐照量计算结果如图4-19所示。

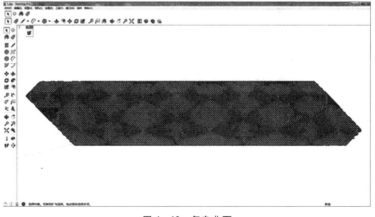

图4-19　复杂曲面

图 4-19 为某复杂曲面,为了在光伏建筑一体化设计时根据最佳位置和发电量的需求,无需全部布满光伏板,只需要选择最佳的位置进行一体化设计即可,因此需要快速寻找优选的位置,此时可以利用辐照量计算命令进行预先计算,计算结果根据辐照量的大小分为六级,对不同级别所涵盖的曲面面积和辐照量进行分别统计,并对图形进行了对应的颜色区分,计算结果如图 4-20 所示。

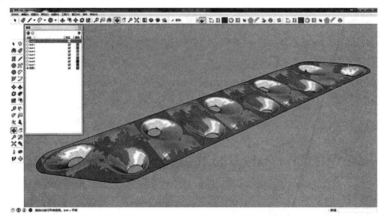

图 4-20　复杂曲面的辐照量结算结果

复杂曲面的辐照量计算结果可以按照颜色进行划分,最红色部分的曲面是布置光伏板的最佳区域,各区域计算结果如图 4-21 和图 4-22 所示。

辐照量计算	
辐照量	124496734160.24588
面积	102279.56668494333
辐照量（1级）	121967474601.9689
面积（1级）	100201.66822921882
辐照量（2级）	2529259558.2769847
面积（2级）	2077.898455724507
辐照量（3级）	0
面积（3级）	0
辐照量（4级）	0
面积（4级）	0
辐照量（5级）	0
面积（5级）	0
辐照量（6级）	0
面积（6级）	0

图 4-21　各区域的计算结果

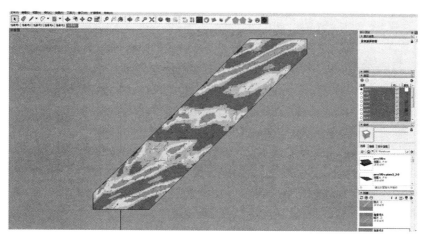

图 4 - 22　一般表面的辐照量计算结果

（7）发电量计算

第六步骤，在选择光伏组件之后，通过点击自定义菜单—插件—Solar PV Design—发电量计算，进入系统将会自动计算所选择光伏组件的年发电量、建筑年耗电量以及发电量占建筑年耗电量的比例。见图 4 - 23。

图 4 - 23　发电量计算结果

注：太阳能热水系统的界面功能与太阳能光伏发电系统类似，不再赘述。

4.1.4　平台测试

1）光伏案例应用研究

如前需求分析所述中提出两个案例，本节研究将利用开发的软件平台进行两个案例的一体化设计应用。

（1）辐照量计算分析

辐照量计算是用于复杂曲面的辐照量计算，可以用来确定最佳的光伏一体化布置区域，以前述提到的案例为例，利用太阳能光伏一体化设计插件的"辐照量计算菜单"（图4 - 24），可以快速计算得到复杂曲面的辐照量分布。

图 4-24　辐照量计算菜单

根据计算结果,辐照量的大小分为六级,对不同级别所涵盖的曲面面积和辐照量进行分别统计,并将图形进行了对应的颜色区分和图层划分,计算结果如图 4-25 所示。

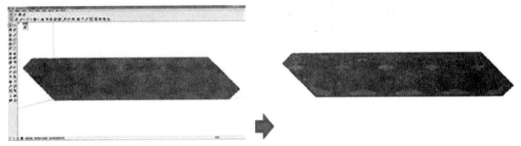

图 4-25　辐照量计算结果

相对目前的计算方法,软件平台提供的方法有四点好处:①计算时间大大降低,计算时间仅需要 1~2min;②无需几个软件的模型转化;③直接在 SketchUp 中完成,可以直接在得到的网格区域进行光伏一体化深化设计,避免了信息误差;④无需过多的辐照量计算和分析专业技能,普通的建筑师即可自行完成。

(2)快速布置设计

快速布置设计是用于区域布置同一种方式光伏板的设计方法,以前述提到的案例为例,利用太阳能光伏一体化设计插件的"布局菜单"(图 4-24),可快速在矩形区域范围内进行布置设计。

829 个光伏布置如图 4-26 所示,光伏板的数量即使比 2.2 节提到的案例超出 2 倍多,设计时间也仅仅需要 2s。

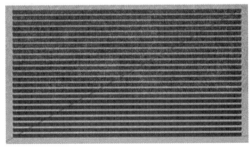

图 4-26　829 个光伏板布置图

(3)计算布置方案发电量

该功能可以快速计算布置方案的发电量,并与设定目标进行比较,只需点击菜单"发电量计算"。以图 4 - 9 案例为例,计算结果见图 4 - 27。

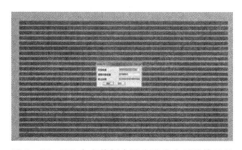

图 4 - 27　829 个光伏板布置方案发电量计算结果

由图可见,829 个光伏布置方案的年发电量可达到 21.3 万 kW·h,如果以前述案例的建筑面积计算,可达到其年用电量的 7.5%。

2)光热案例应用研究

案例分析以申都大厦装修项目为例进行分析。

(1)项目基本信息

工程名称:申都大厦装修项目——太阳能热水系统供货及安装工程。

工程地点:上海市西藏南路 1368 号(大厦外立面破旧、内部设施需大修,重新定位的申都大厦为 6 层办公室,建筑面积为 6 231.22m²)。

太阳能热水要求:太阳能系统为厨房以及卫生间提供热水,热水用量标准为 5L/(人·d)(60℃),办公使用人数按照 200 人计算,设计希望太阳能产生的热水量能够满足 50% 的热水需求。

项目 SketchUp 设计模型见图 4 - 28 和图 4 - 29。由图 4 - 28 可知,项目的屋顶空间较为紧张,设计考虑了屋顶花园、光伏发电系统、空调系统室外机等设施,为了更好地设置太阳能热水系统,方案希望在东北侧红色区域(即空调系统室外机的上部)利用构架进行光热系统的布置。

该项目利用开发的平台软件进行设计和性能分析。

图 4 - 28　项目 SketchUp 设计模型俯视图

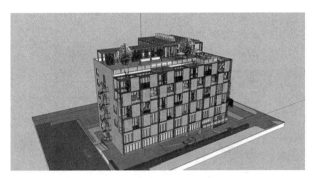

图 4-29 项目 SketchUp 设计模型轴测图

2)基本信息录入及快速布置设计

依据平台软件的操作流程,首先应该设置建筑基本信息、光热系统基本信息等内容,见图 4-30~图 4-33。

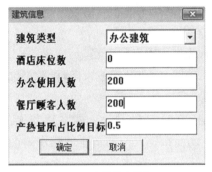

图 4-30 项目建筑基本信息

图 4-31 项目光热产品信息

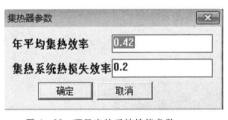

图 4-32 项目光热系统性能参数

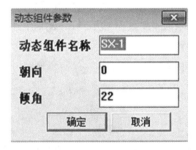

图 4-33 项目太阳能集热板的朝向和倾角参数

设置完基本信息等参数后,在快速布置设计前需要明确布置的矩形区域,见图 4-34,在矩形区域范围内作出对角线的辅助线,选择对角线后,点击布局按钮,见图 4-35,继而完成快速布局设计。

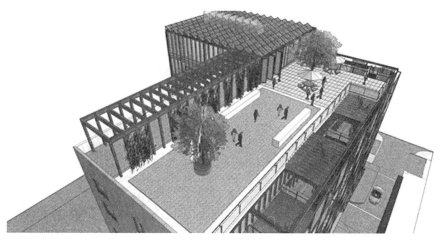

图 4 - 34　快速布置设计前准备

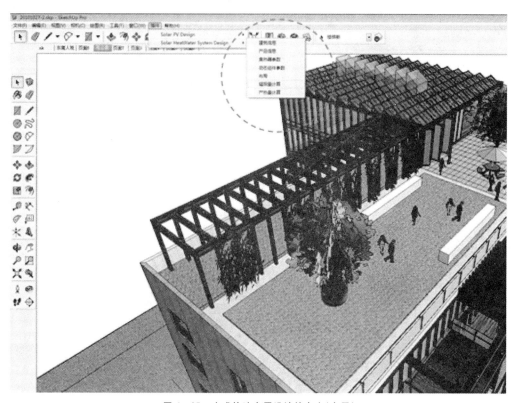

图 4 - 35　完成快速布置设计的点击(布局)

　　图 4 - 36 是完成后的太阳能集热器的快速布置设计,由图可知,真空管集热器的布置角度为 22°,朝向为南方,并设置了一定的合理间距。

　　(3)产热量计算

　　在进行产热量计算前,须将集热板进行分解命令,为了方便计算,可以将建筑的其他部分隐藏(快速布置设计之后太阳能集热板会自动分配至 solar thermal 图层中),见图4 - 37。

　　依据软件平台,首先应该先进行辐照量的计算,选中集热器后,点击图 4 - 35 中所示的

图 4 - 36   完成后的快速布置设计

图 4 - 37   太阳能集热器

辐照量计算,完成辐照量计算之后,可以继续点击图 4 - 35 中所示的产热量计算,计算结果如图 4 - 38 所示。

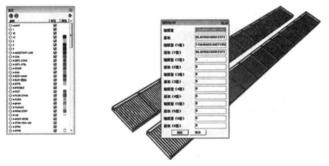

图 4 - 38   太阳能集热器辐照量的计算结果

由计算结果可见,太阳能集热系统的产热量已达到需求热水量的 121%,即配置的集热板过多,可以减少,初步判断可以减少 50%,即可以减少一半的集热器。调整后的产热量计算结果如图 4 - 39 所示。

由调整后的计算结果可见,此方案已能够满足设计目标,最终布置效果见图 4 - 40,集

图 4 - 39　调整后太阳能集热器产热量的计算结果

热面积为 48m²，集热器的数量为 13 块，此时在方案草图阶段已完成了太阳能热水系统建筑部分的一体化设计。

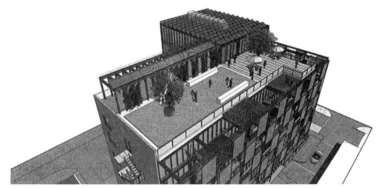

图 4 - 40　调整后的太阳能集热器布置方案

3）改进建议

本节阐述了利用平台工具解决实际案例的效果，包括太阳能光伏一体化设计和太阳能热水系统一体化设计，由案例分析可见，该软件平台还存在以下不足：

（1）仅能实现某一水平面上的矩形屋面的快速布置，无法实现异形或者带有坡度的倾斜屋顶的快速布置。

（2）无法实现屋面中存在凸凹物的快速布置，如天窗、机房等。

（3）仅实现了光伏、光热板的面积规模估算，不含投资估算（投资控制会影响光伏光热的布置规模）。

（4）操作仅依靠菜单，无快捷工具按钮辅助。

4.1.5　软件改进

1）日照辅助计算程序

为了实现布置时能够考虑周边区域（如屋顶凸出物、塔楼等）对于布置的遮挡影响，课题组增设了日照辅助计算程序，能够计算表面的日照小时数，如图 4 - 41 和图 4 - 42 所示。

2）其他改进

改进后的软件解决了异形、倾斜屋面以及带有凸凹物屋面的光伏光热板的快速布置难题，开发快捷工具按钮，新增了造价估算以及目标评价显示和计算结果输出值 Word 文件

网格大小(m) ✕ : 0.5

网格面高度 (m): 0.3

是否考虑向内缩进: □ 缩进网格数量:

缩进距离 (m): 0

OK Cancel

设定每日计算时段:

开始时间: 6 : 00

结束时间: 20 : 00

增加类型

删除类型

应用于每周的哪些天:

Mo Tu We Th Fr Sa Su
☑ ☑ ☑ ☑ ☑ □ □

开始时间: 6 : 00

结束时间: 20 : 00

增加类型

删除类型

应用于每周的哪些天:

Mo Tu We Th Fr Sa Su
□ □ □ □ □ ☑ ☑

增加类型

删除类型

设定每年计算时段:

开始时间: 1 Jan --特定时间段-- ✕

结束时间: 31 Dec --特定时间段-- ✕

增加类型

删除类型

图 4 - 41　日照辅助计算程序菜单

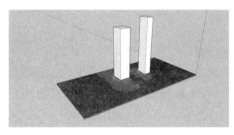

图 4 - 42　日照小时计算结果

等功能,如图 4 - 43～图 4 - 46 所示。

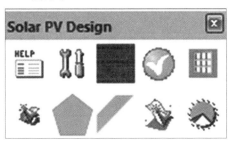

图 4 - 43　快捷工具栏菜单

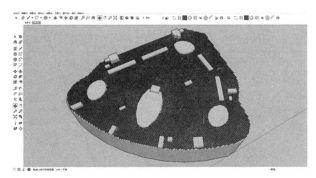

图 4 - 44　某商场(带有屋顶天窗和机房)非规则复杂屋顶的快速布置设计

图 4 - 45　发电量计算的结果显示

1、建筑信息
　　建筑地点：　上海
　　建筑类型：　办公建筑
　　建筑面积（m2）：　7300.0
2、产品信息
　　光伏组件功率（Wp）：　195.0
　　光伏组件效率（%）：　0.15
　　光伏组件长度（m）：　1.58
　　光伏组件宽度（m）：　0.81
3、安装信息
　　朝向：　0.0
　　倾角：　22.0
　　光伏组件总安装面积（m）：　3.8299102509817473
　　光伏组总安装容量（kWp）：　0.5834628897980005
4、计算结果
　　建筑年耗电量(kWh)：　876000.0
　　光伏系统年发电量(kWh)：　553.9568958050403
　　所占比例：　0.0006323708856221922
　　系统造价(元)：　5834.628897980006

图 4 - 46　输出结果 Word 文件

4.1.6 结语

研究提出的"基于 SketchUp 环境下的光伏光热一体化设计软件平台"可以大大提高光伏光热一体化设计的效率和质量,解决了目前光伏光热一体化设计在方案设计阶段遇到的主要问题,建筑师即可独立完成从设计到分析的全过程工作内容,从而减少了各种软件转化所带来的信息损失,在方案设计阶段具有较高的效率和质量优势。

"软件平台"开发是基于 ruby 语言平台,具有很好的可扩展性,随着开发的不断完善和升级,可以满足更多领域应用和更多功能利用要求。目前该软件平台的主要适用范围如表 4-2所示。

表 4-2 基于 SketchUp 环境下光伏光热一体化设计软件平台适用范围

项目	适用范围
可再生能源类型	太阳能光伏、光热
地点	北京、沈阳、上海、广州
建筑类型	光伏:办公、酒店、商场 光热:办公、酒店、餐厅
功能	辐照量计算、发电量计算、产热量计算、造价分析、目标比例计算、 光伏光热板快速布置、输出结果报告
其他辅助功能	绘制网格面、查询点坐标、日照小时数计算
屋顶形式	矩形、异形、倾斜、弧形屋面、带凸凹物的屋面

4.2 基于计算模拟分析的多种可再生能源集成设计软件平台开发

基于可再生能源系统建筑整合设计的不足,课题研究提出了基于计算模拟分析的多种可再生能源集成设计平台。该平台是基于欧特克 AutoCAD 计算机辅助设计软件环境下采用 VBA 技术二次开发的设计平台。软件研发的目的是将可再生能源系统工程图纸设计、设备选型和性能分析予以集成,提升系统专业设计的效率和质量。

4.2.1 平台开发

1)软件平台的架构操作研究

本书提出的一种基于计算模拟分析的多种可再生能源集成设计平台的操作,包括获取建筑类型和建筑基本信息;获取预设的负荷类型和预设的可再生能源类型;获取图纸类型;根据建筑类型、建筑基本信息、预设的负荷类型、预设的可再生能源类型和图纸类型输出可再生能源组合形式系统图;对可再生能源组合形式系统图进行调整,其中包括对不同设备的图形替换、删除及增加;设置不同设备的性能参数;设置不同设备的性能参数的连结;设置边界条件;设置关键评价参数评价标准;设置迭代计算边界条件;根据边界条件、评价参数评价标准和迭代计算边界条件,输出关键评价参数平均值及逐时逐日曲线,如图 4-47所示。

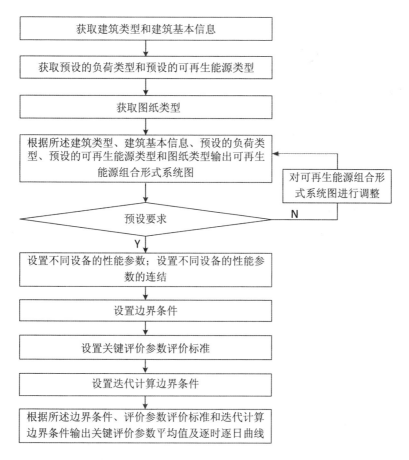

图 4-47 设计平台操作流程

2)软件平台界面开发

(1)主界面

软件基于 AutoCAD 平台开发,主界面即为 AutoCAD 软件界面,见图 4-48。主界面有两点不同,其一,增设了可再生能源系统快速设计的工具选项板,包括常用设备、阀门、附件和集成的应用系统,见图 4-49。其二,增设了自定义菜单—可再生能源辅助设计工具—设备刷新/可再生能源系统分析,见图 4-50。

常用设备、阀门、附件等图块按照现行国家标准《暖通空调制图标准》(GBT50114—2010)、《建筑给水排水制图标准》(GBT 50106—2010)中的图例进行绘制,预设的集成应用系统是在 40 个太阳能热水系统工程案例和 32 个地源热泵系统工程案例梳理基础上形成,案例涵盖住宅、宿舍、办公楼、会所综合体、护理院、酒店等(图 4-51),具有较好的普遍适用性,即通过工具选项板快速设计完成的系统图能够满足大多数工程。

(2)系统图纸快速绘制

利用该软件可以实现系统图快速设计,即通过点击工具选项板"集成的应用系统"中的某一集成系统,此时已经预设好的系统图已快速绘制完毕,由于预设的集成系统未必能满足设计者的要求,设计者可以利用工具选型板修改部分组件,如调整立式贮热水箱,首先点

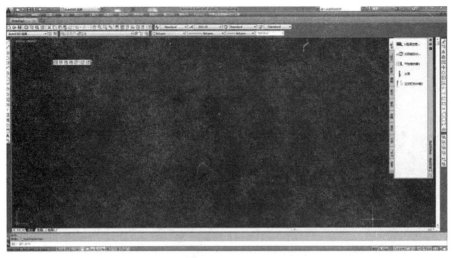

图 4-48　主界面

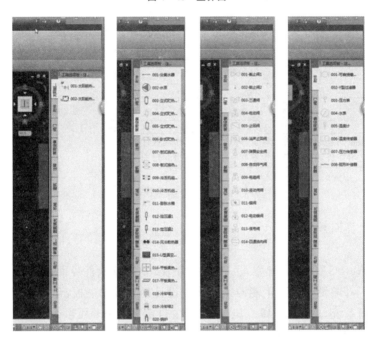

图 4-49　可再生能源系统快速设计的工具选项板

击炸开命令炸开集成系统图,然后删除原立式贮热水箱,选用工具选型板"常用设备"中新的立式贮热水箱,见图 4-52。

(3)设备参数读取及修改

通过点击自定义菜单可再生能源辅助设计工具—设备刷新命令,系统将读取设备的主要参数,包括水箱容积、集热板面积、水泵功率和效率等,也可以通过选择设备后点击右键的浮动命令菜单—编辑属性,调整和修改设备的主要参数,修改对应参数后,点击确定,设备参数将更新,见图 4-53。

图 4-50　自定义菜单——可再生能源辅助设计工具

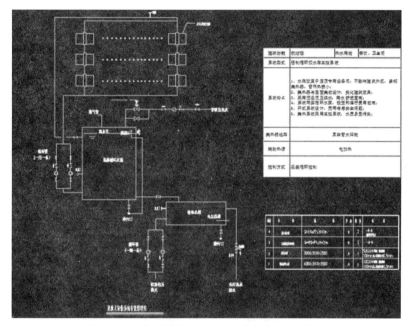

图 4-51　某太阳能热水系统工程案例的系统图梳理

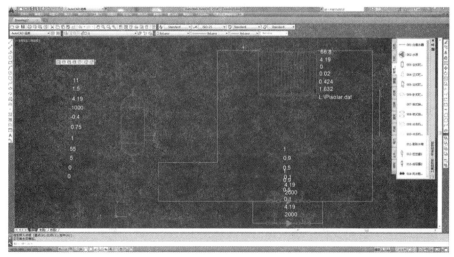

图 4-52　系统图的快速设计及部件修改

（4）系统性能分析

图 4-53 设备参数修改

通过点击自定义菜单可再生能源辅助设计工具—可再生能源系统分析,平台将进入可再生能源系统分析主界面,见图 4-54。计算分析之前,必须设定建筑类型、建筑面积、冷水温度、负荷类型和可再生能源类型等基本参数,这些参数是确定热水负荷、确定设备容量大小、计算系统关键性能参数的基础参数,见图 4-55。

图 4-54 可再生能源系统分析主界面

气象参数主要用于计算光热板的辐照量、集热水箱散热等,简化后的设计平台只需输入气象数据位置、集热板倾角和集热板朝向三个主要参数;计算条件设置界面主要用于设置计算分析的时间段(包括冬季、夏季、全年、典型日或典型时段等),简化后的设计平台只需输入设定起始时间、终止时间和时间间隔三个主要参数;负荷特点设置主要用于计算用水量,典型日负荷曲线设置界面可以设置典型日 24 小时逐时的负荷率曲线,可以用上下调节钮、选择卡键和数值输入编辑区三种方式调节逐时负荷率。

全部设置完毕之后,可以点击可再生能源系统分析主界面中的运行计算按钮,系统将调用 Trnsys 内核自动计算项目的太阳能利用保证率、出水温度、水箱温度、每产生 1kW·h 热水所耗电量等关键参数,计算完毕后系统将有提示,见图 4-56。

计算结果输出至当前文件中的"out. txt",利用 Excel 工具进行输出。

(3)小结

本软件编制目的在于提供一种基于计算模拟分析的多种可再生能源集成设计工具,该工具基于 AutoCAD 平台开发,可与建筑能源系统设计的 AutoCAD 软件兼容,即软件平台

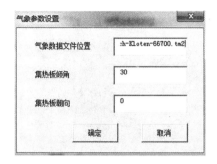
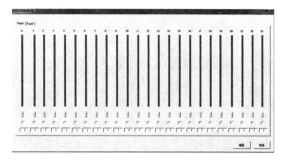

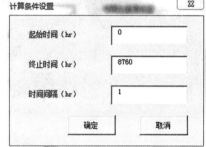

图 4 - 55　基本参数设置

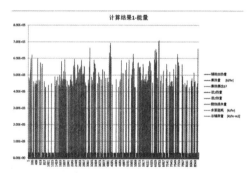

图 4 - 56　计算完毕显示界面

将第三方系统仿真分析软件功能集成于 AutoCAD 平台,实现了工程设计和仿真分析的统一。软件平台还集成了多种实用的可再生能源系统模块,可以快速完成系统图的绘制,大大提高了系统图设计效率和质量。

4.2.2　平台测试与改进

1)应用案例 1:单水箱真空管系统(电辅助加热)

(1)基本情况

办公面积:6 200m²,办公人数 200 人,只针对洗手设置太阳能热水系统。

(2)系统图调用

通过点击设计选项卡中的"单水箱真空管系统(电辅助加热)"系统图标,可以直接调用系统图至图纸空间。

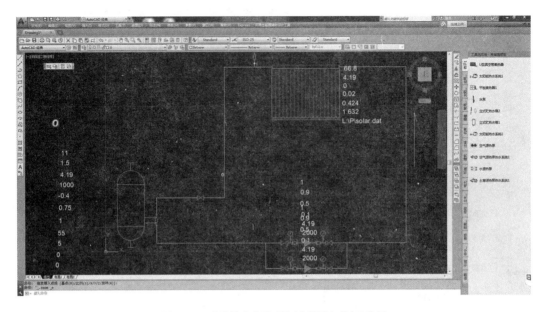

图 4-57　单水箱真空管系统(电辅助加热)系统图

(3)设备参数修改

通过点击自定义菜单可再生能源辅助设计工具——设备刷新命令,系统可以自动读取各主要设备的预设计参数,包括水箱、集热器、水泵等。可以通过选择设备点击右键选择设备编辑属性,修改相应参数。对于单水箱系统,水箱类型需要修改为供热水箱＋集热水箱,水泵选择类型为太阳能侧循环泵,见图 4-58~图 4-60。

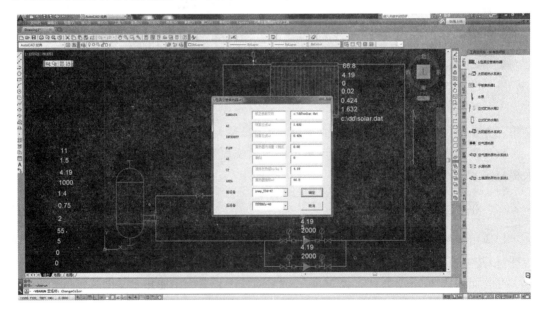

图 4-58　集热器参数修改

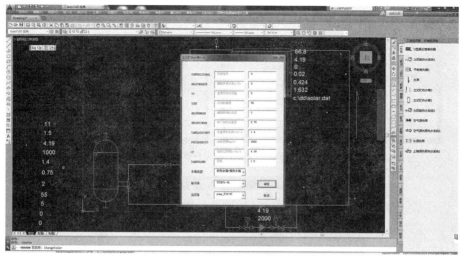

图 4 - 59　水箱参数修改

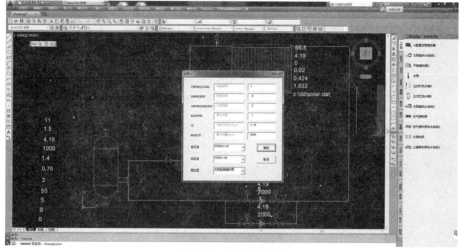

图 4 - 60　水泵参数修改

（4）边界条件设置

边界条件涉及地点、建筑类型、建筑面积、冷水进水温度、可再生能源类型、气象参数设置、计算条件设置、热水负荷设置、用水量时间表，该项目的选择如图 4 - 61～图 4 - 64 所示。地点为上海，建筑类型为办公，建筑面积为 6 200m²，冷水进水温度为 15℃，集热板倾角为 30°，朝向为 0°，计算条件为全年 8 760h 的逐时计算，热水类型仅为洗手，办公人数为 200 人，工作日小时负荷曲线为 8～18 等值变化，周末日不使用。

图 4 - 61　边界条件设置主界面

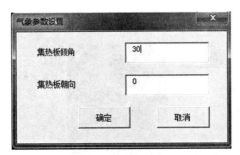

图 4-62　气象和计算条件设置界面

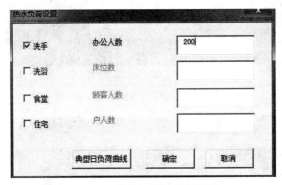

图 4-63　热水负荷类型设置界面

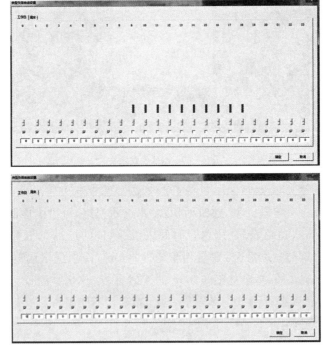

图 4-64　小时负荷曲线设置界面

（5）设备选型建议

设备选型建议是根据设置的边界条件,按照太阳能热水系统的设计标准,利用计算内核自动计算后相关设备的建议容量,设计师可以根据建议参数修改相应设备的容量。设备容量建议界面如图 4-65 所示。

图 4-65　设备容量建议界面

(6)结果输出

全部设置完毕之后,点击运行计算按钮,计算进度条可以显示计算的进度,如图 4-66 所示。

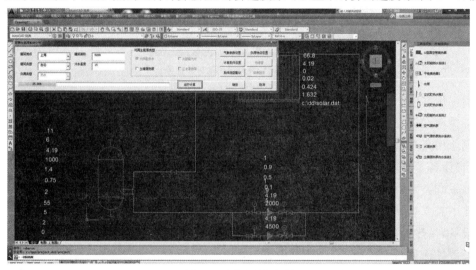

图 4-66　计算状态显示界面

计算结果可以在 Excel 中显示,见图 4-67。计算结果包括出水温度、水泵能耗、辅助加热电耗、集热器进口热量、集热器出口热量、水箱散热损失量等。

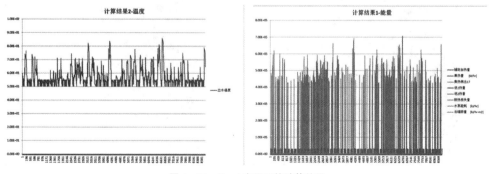

图 4-67　Excel 中显示的计算结果

点击结果显示,可以显示计算结果,包括总集热量、总辅助加热量、总散热量、总泵耗、太阳能保证率、单位热量耗功率、平均集热效率、出水温度合格率等评价指标,本设置的计算结果如图 4-68 所示,各项指标均满足要求。

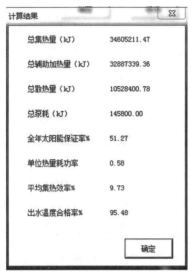

图 4-68　计算结果中的评价指标

2)应用案例 2:双水箱(真空管)系统(电辅助加热)

如应用案例 1,应用案例 2 采用了双水箱(真空管)系统(电辅助加热),基本设置相似,本案例应用只介绍不同的部分。

(1)设备参数修改

该系统类型为双水箱类型,因此在水箱类型设置时需区分为集热水箱和供热水箱,集热水箱中需要完成前后设备的连接,如前设备为集热器、后设备为集热水泵,无需设置辅助加热设备,供热水箱则需要设置辅助加热设备。供热水箱的设置界面见图 4-69。集热水箱的设置界面见图 4-70。

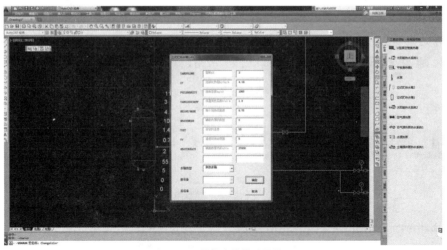

图 4-69　供热水箱的设置界面

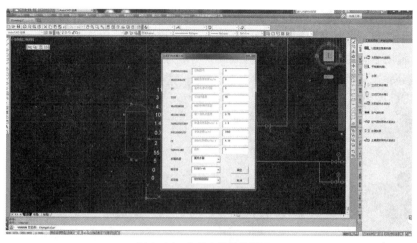

图 4-70　集热水箱的设置界面

（2）结果输出

双水箱（真空管）系统（电辅助加热）的计算结果如图 4-71 所示，由结果可见太阳能保证率有较明显提高，单位热量耗功率也有较明显的降低，出水温度的合格率略微降低。

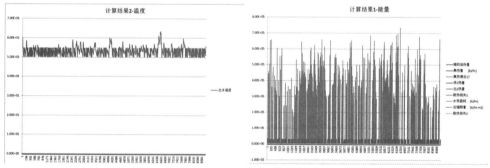

图 4-71　Excel 中显示的计算结果

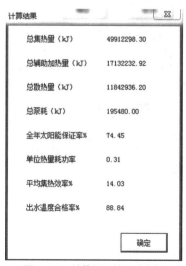

图 4-72　计算结果的评价指标

3)应用案例 3:双水箱(平板)系统(土壤源热泵辅助)

设计平台还可以分析其他辅助能源的形式,包括土壤源热泵、空气源热泵等,图 4-73 为土壤源热泵为辅助热源的系统图。本案例仍然以案例 1 为例介绍,并只列出不同的设置内容。

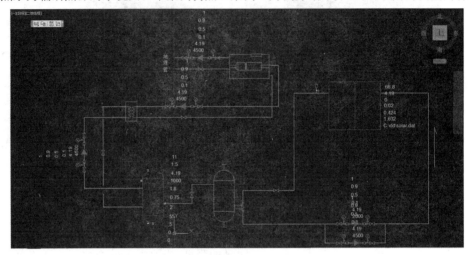

图 4-73 土壤源热泵为辅助热源的系统图

(1)设备参数修改

该系统类型为双水箱(平板)系统(土壤源热泵辅助),与案例 2 不同的是增加了一些设备,包括水源热泵机组、地埋侧水泵、热泵侧水泵等,因此在水泵设置时需要明确相应的类型和前后设备名称。水源热泵机组需要设置设备的性能负荷变化曲线文件(此处不详细介绍)。水源热泵机组的设置界面见图 4-74。

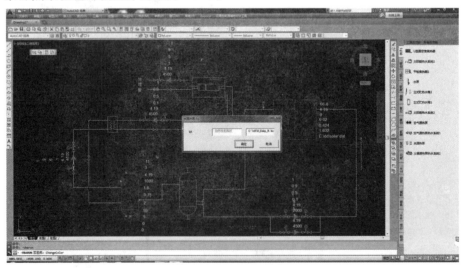

图 4-74 水源热泵机组的设置界面

(2)边界条件设置

边界条件设置功能中增加地埋管的设置内容,可以勾选可再生能源类型中的土壤源热泵,然后可以点击地埋管按钮进行地埋管设置,包括孔深、孔数量、孔半径、管材导热系数、土壤初温等参数,见图 4-75。

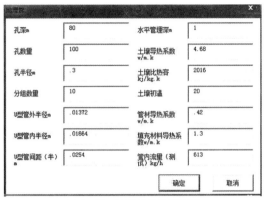

图 4-75 地埋管的设置界面

(3)结果输出

双水箱(平板)系统(土壤源热泵辅助)的计算结果如图 4-76 和图 4-77 所示,由结果可见,由于地源热泵的埋管数量设置过多以及水源机组配置过大,导致太阳能保证率大幅度降低,单位热量耗功率明显增高,出水温度过高导致出水合格率也大幅度降低。

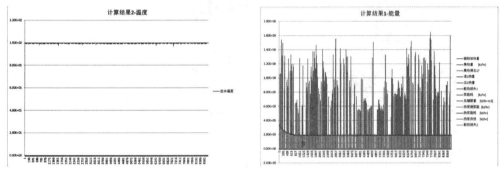

图 4-76 Excel 中显示的计算结果

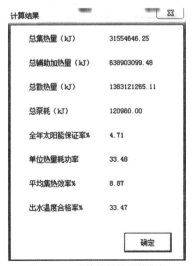

图 4-77 计算结果的评价指标

4)改进建议

由以上应用案例可见,目前的设计平台可以较好地满足设计人员进行系统性能评定,确定合理的设备选型,此外也可在以下方面作进一步改进:

(1)缺少控制策略的相应设置功能。

(2)可以增加类似案例的系统匹配快速选择功能。

(3)界面需要优化。

5)平台改进

基于以上应用操作研究,课题研究人员对系统平台进行了全面改进,改进内容包括丰富了太阳能热水系统图库和案例库,改进了系统界面和图形界面,新增了辅助能源的控制策略设置,新增了系统保存和读取功能,改进了结果输出功能和指标优化等。图4-78为改进后的系统平台主界面。

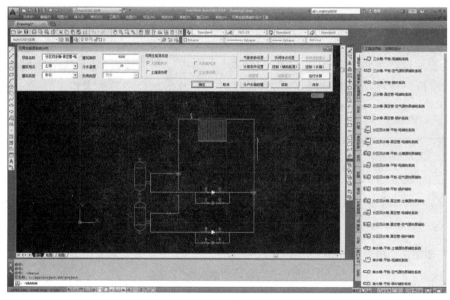

图4-78 改进后的系统平台主界面

改进后的系统平台具有以下主要特点:

(1)有丰富的太阳能热水系统图库和案例库,阀门、附件和常用设备等标准图块,可以辅助专业设计人员快速完成系统图设计工作。目前平台内集成了33种常用太阳能热水系统图,14种常用阀门、8种常用附件、20种常用设备的标准图块以及部分实际案例的系统工程图,设计人员只需通过工具选项板即可快速完成系统图的设计和修改(图4-79)。

(2)平台内置的太阳能热水系统图,覆盖了90%以上的常用太阳能热水系统形式,按照集热器分类涵盖平板集热器和真空管集热器;按照水箱设计方式分类涵盖集热供热共用单水箱、集热供热分置的双水箱以及集热、缓冲、供热分置的三水箱;按照建筑是否进行压力分区、分类涵盖高低分区系统和不分区系统;按照系统的集热与供热范围分类涵盖集中供热、集中分散供热和分散供热三种形式;按照辅助加热热源形式涵盖电、燃气、空气源热泵、锅炉和地源热泵五种类型。

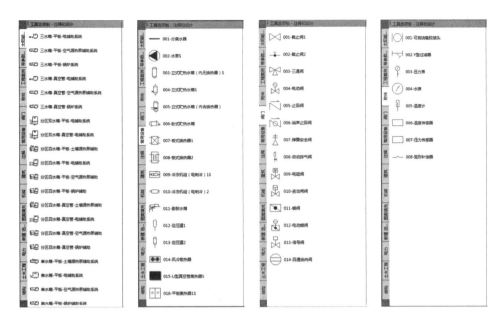

图 4 - 79　平台设计软件专用工具选项板

（3）集成 TRNSYS（瞬时系统模拟程序）的计算内核，可实现直接在 AutoCAD 平台内完成太阳能热水系统的设备容量选型、性能分析和评价。

（4）平台内置的常用太阳能热水系统图和案例，全部可实现主要设备（包括水泵、水箱、集热器、空气源热泵、土壤源热泵、锅炉等）的参数设定和系统整体性能分析（包括出水温度保证率、太阳能保证率、单位热量耗功率、平均集热效率等），并可依据现行国家标准《可再生能源建筑应用工程评价标准》（GB/T50801－2013）进行综合等级评价。

（5）用户只需在 AutoCAD 平台内右键点击相应设备图块选择编辑属性，即可对设备的参数进行编辑和修改（图 4 - 80～图 4 - 82）。

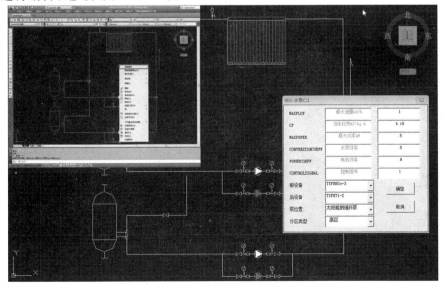

图 4 - 80　主要设备的参数设定过程界面

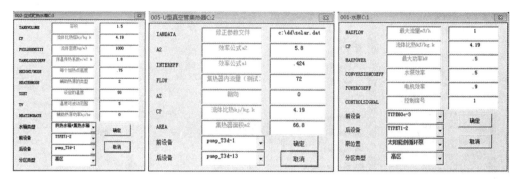

图 4-81　主要设备的参数设定界面

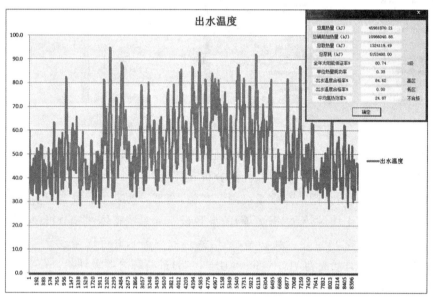

图 4-82　主要参数计算结果和性能评价

4.2.3　平台的功能应用验证研究

1)分散式集热储热(户式独立)的高层某居住建筑

(1)项目简介

图 4-83　阳台太阳能真空管

项目为新建高层(14 层)住宅小区,太阳能热水系统采用了阳台壁挂式(倾角 75°)分散式集热储热(户式独立)系统。太阳能集热器采用了包含 CPC 聚光栅等多项技术的中高温太阳集热器,两房(约 100m²,每户约 3 人)的集热面积为 2.8m²,贮热水罐为 146 L 闭式承压水箱,辅助电加热器功率为 3 kW,见图 4-83。

(2)主要设备性能参数

为了进行对比分析,集热器的性能参数初设为普通性能,主要设备的性能参数采用表 4-3 所列参数。

表4-3 主要设备的性能参数

设备名称	性能
集热器(基于总面积)	$\eta = 0.424 - 1.632\,(T_i - T_b)/G$
热损系数(W/m² · K)	3.0
集热循环控制	温升小于2℃关闭,大于5℃开启
辅助热源启动控制	低于35℃,辅助热源启动
辅助热源有效性控制	全天
电辅助加热高温控制	60℃
水箱高温控制	100℃

(3)系统设计和性能分析验证

a)系统设计

由项目简介可知,项目采用的系统形式为单水箱真空管电辅助系统。设计时可借助平台设计软件设计选项板的太阳能热水系统库直接调用,并选择专用菜单可再生能源系统辅助设计——设备刷新,从而完成系统图设计和设备参数、气象数据、热水规律、热水控制等基本参数的初始化。相关设备和边界条件参数的修改方法见第4.2.1节。

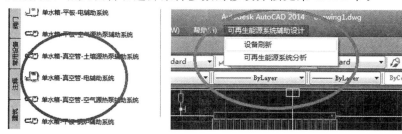

图4-84 系统图快速设计和参数初始化相关操作

b)使用规律的设定

系统配置的合理性除了受到气象参数、设备本身性能的影响外,使用过程最大的变化就是小时变化规律和使用人数的变化,为了验证设备设计的合理性,选取以下四种工况进行分析(表4-4)。

表4-4 分析工况

工况	使用人数/人	小时用水规律
1	2	

工况	使用人数/人	小时用水规律
2	3	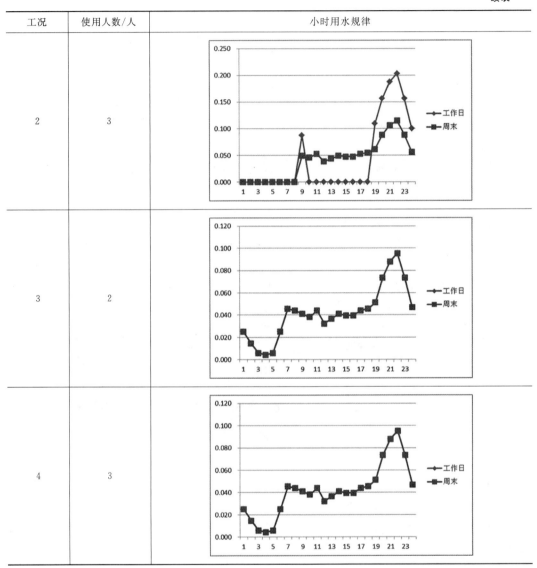
3	2	
4	3	

全部设置完毕之后,点击运行计算即可调用 TRNSYS 计算内核分析系统的综合性能,如图 4-85 所示。

图 4-85　综合性能计算

c)性能分析

性能分析验证目的是检验系统匹配的合理性,主要评价指标包括太阳能保证率、集热效率、温度保证率等,具体结果见表 4-5。水箱的逐时出水温度见图 4-86。

表 4-5 性能分析结果

工 况	性 能	
1	太阳能保证率	20.5%
	集热效率	23%
	温度保证率	79.5%
	单位热量耗功率	1.09
2	太阳能保证率	11.3%
	集热效率	20.9%
	温度保证率	78.5%
	单位热量耗功率	1.11
3	太阳能保证率	23.7%
	集热效率	24%
	温度保证率	78.2%
	单位热量耗功率	1.01
4	太阳能保证率	18.4%
	集热效率	24.9%
	温度保证率	77.3%
	单位热量耗功率	0.98

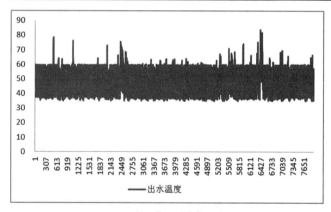

(a)工况 1 的逐时水箱温度

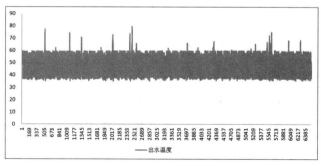

(b)工况 2 的逐时水箱温度

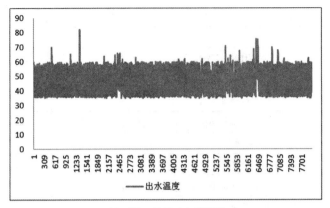

(c)工况 3 的逐时水箱温度

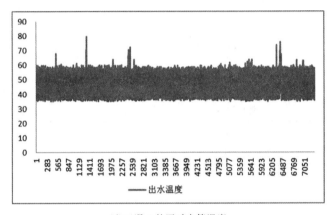

(d)工况 4 的逐时水箱温度

图 4-86 四种工况的计算结果

由图 4-86 所示结果可见,无论哪种工况时系统的太阳能保证率、集热效率、单位热量的耗功率都不满足要求。如图 4-87 所示,系统逐月太阳能利用率平均在 10%～20%,因此系统的配置存在极大的优化空间,总体来讲工况 3 最好,对于 100m² 的商品住宅工况 2 出现的频率更高,但反而性能最差。

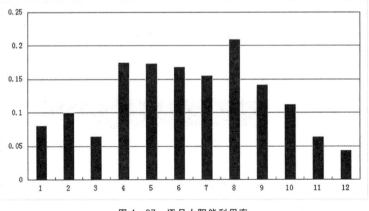

图 4-87 逐月太阳能利用率

（4）系统优化

主要调节方法包括集热循环控制、辅助加热器的有效性控制、提升集热器的性能等，以下所有优化措施主要针对工况2进行。

a）集热循环控制优化

集热循环控制调整至温升小于1℃关闭，大于2℃开启，计算结果如表4-6所示。

表4-6 集热循环控制优化分析结果

工 况	性 能	
优化前	太阳能保证率	11.3%
	集热效率	20.9%
	温度保证率	78.5%
	单位热量耗功率	1.11
优化后	太阳能保证率	19.8%
	集热效率	21.8%
	温度保证率	81.5%
	单位热量耗功率	1.01

措施效果：太阳能保证率明显提升，集热效率、单位热量的耗功率和温度保证率略有提升，但仍然不能满足要求。

b）优化辅助加热器的有效性控制

辅助加热器的有效性控制由全天调整至17～24点有效，即仅仅夜晚用水时段有效，计算结果如表4-7所示。

表4-7 辅助加热器的有效性控制优化分析结果

工 况	性 能	
优化后	太阳能保证率	23%
	集热效率	23.6%
	温度保证率	74.4%
	单位热量耗功率	0.97

措施效果：太阳能保证率、集热效率和单位热量的耗功率略有提升，但仍然不能满足要求；温度保证率略有下降。

c）优化辅助加热器的启动控制

辅助加热器的启动控制由35℃启动调整至30℃启动，计算结果如表4-8所示。

表4-8 辅助加热器的启动控控制优化分析结果

工 况	性 能	
优化后	太阳能保证率	34.1%
	集热效率	26%
	温度保证率	69.1%
	单位热量耗功率	0.88

措施效果:太阳能保证率明显提升,集热效率和单位热量的耗功率略有提升,但仍然不能满足要求;温度保证率略有下降。

d)提高集热器的性能

调整集热器为高效真空管集热器,性能为 $\eta = 0.65 - 1.25(T_i - T_b)/G$,计算结果如表 4-9 所示。

表 4-9　集热器的性能优化分析结果

工　况	性　能	
优化后	太阳能保证率	46.5%
	集热效率	42.7%
	温度保证率	74.1%
	单位热量耗功率	0.73

措施效果:太阳能保证率、集热效率明显提升,且满足现行国家标准《可再生能源建筑应用工程评价标准》(GB/T50801—2013)的 3 级水平,单位热量的耗功率和温度保证率略有提升,但效果仍然须提升。

e)优化贮热水箱保温性能

热损系数优化至 1.9W/(m² · K),计算结果如表 4-10 所示。

表 4-10　贮热水箱保温性能优化分析结果

工　况	性　能	
优化后	太阳能保证率	48%
	集热效率	42.6%
	温度保证率	74.9%
	单位热量耗功率	0.68

措施效果:太阳能保证率、单位热量的耗功率略有提升,温度保证率有微弱提高。如图 4-88 所示,温度保证率低的主要问题在于冬季和日照不足的周末。由以上优化分析可知,延长辅助热源功率的有效时间、提高辅助热源的启动温度可以进一步提高温度保证率,但势必会造成太阳能保证率、集热效率和单位热量耗功率性能降低。

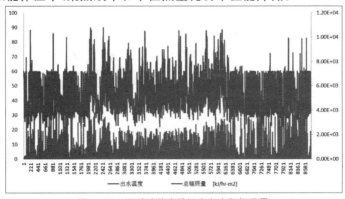

图 4-88　逐时贮热水箱温度和太阳辐照量

（5）运行调节

由"性能分析及优化"结果可见，系统的整体性能已基本满足要求，但在冬季和日照不足的周末的温度保证率存在不足，温度最低只能达到30℃，因此针对这些情况文章提出相应的控制调节措施，如表4-11所示。

表4-11　控制调节措施

期　　间	调节措施
冬季模式 夏季周末模式	辅助热源启动控制：低于35℃，辅助热源启动 辅助热源的功率的有效时间调整为全天 电辅助加热高温控制：80℃

按照表4-11的调节措施运行，1月份的逐时运行温度如图4-89所示，温度保证率非常显著地提高，但如果全年按此方式运行，系统综合性能则会显著降低，见表4-10。

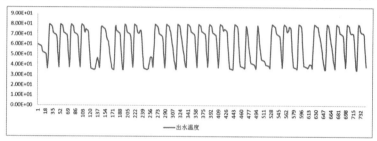

图4-89　1月份贮热水箱逐时运行温度

（6）小结

由以上分析可见，原有系统配置中集热器的性能存在严重不足，综合贮热水箱保温性能、集热循环控制、辅助加热器的有效性控制、辅助加热器的启动控制等优化措施和不同运行模式的运行调节措施，系统整体性能可以满足要求，并保证全年正常运行。

2）集中式集热分户储热的太阳能热水系统的某居住小区

（1）项目简介

项目为某新建住宅小区，太阳能热水系统采用集中式集热分户储热的太阳能热水系统，总户数为5 574户；太阳能集热器采用了平板式集热器和真空管集热器两种，总面积为1.4万 m²，贮热水罐包括100L和120L两种闭式承压水箱，见图4-90。

图4-90　屋顶太阳能集热器

（2）主要设备性能参数

为了便于分析，集热器统一采用平板式集热器，贮热水罐统一采用 120L 作为分析，各项目主要设备的性能参数采用表 4-11 所列参数。

表 4-11　主要设备的性能参数

设备名称	性　能
集热器（基于总面积）	$\eta = 0.778 - 5.276(T_i - T_a)/G$
热损系数（W/(m² · K)）	9.0
集热循环控制	温升小于 2℃关闭，大于 5℃开启
辅助热源启动控制	低于 35℃，辅助热源启动
辅助热源有效性控制	17～24 点有效
电辅助加热高温控制	60℃
水箱高温控制	100℃

（3）系统设计和性能分析验证

a）系统设计

由项目简介可知，项目采用的系统形式为单水箱平板电辅助系统（多户型）。设计时可借助平台设计软件设计选项板的太阳能热水系统库直接调用，并选择专用菜单可再生能源系统辅助设计——设备刷新，从而完成系统图设计和设备参数、气象数据、热水规律、热水控制等基本参数的初始化。相关设备和边界条件参数的修改方法见第 4.2.1 节。

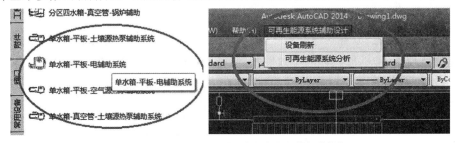

图 4-91　系统图快速设计和参数初始化的相关操作

b）工况设定

每户人数和小时用水规律采用 4.2.3 小节案例中的工况 2，集中式系统相对于分散式系统还需考虑同时使用系数的变化，选取以下五种工况进行分析，见表 4-12。

表 4-12　分析工况

工　况	同时使用系数
1	100％
2	70％
3	50％
4	30％
5	15％

c)性能分析

性能分析验证的目的是检验系统匹配的合理性,主要评价指标包括太阳能保证率、集热效率、温度保证率等,具体结果见表 4 - 13。

表 4 - 13　性能分析结果

工　况	性　能	
1	太阳能保证率	41%
	集热效率	40.6%
	温度保证率	72.6%
	单位热量耗功率	0.9
2	太阳能保证率	47.7%
	集热效率	38.2%
	温度保证率	75.6%
	单位热量耗功率	0.81
3	太阳能保证率	52.4%
	集热效率	36%
	温度保证率	78.2%
	单位热量耗功率	0.75
4	太阳能保证率	58.5%
	集热效率	31.9%
	温度保证率	81.2%
	单位热量耗功率	0.68
5	太阳能保证率	62.4%
	集热效率	25.6%
	温度保证率	83.3%
	单位热量耗功率	0.66

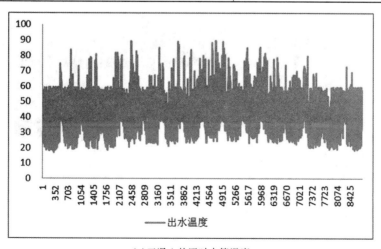

(a)工况 1 的逐时水箱温度

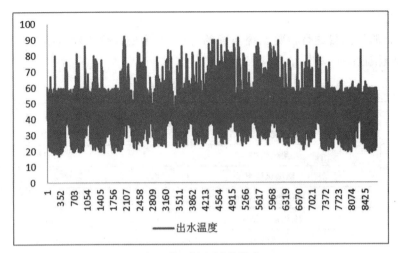

(b)工况 2 的逐时水箱温度

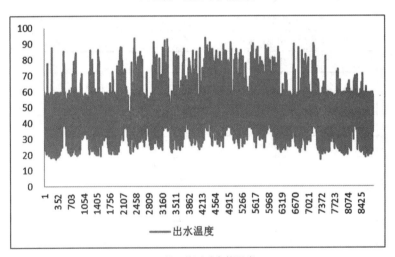

(c)工况 3 的逐时水箱温度

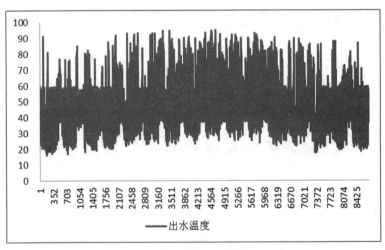

(d)工况 4 的逐时水箱温度

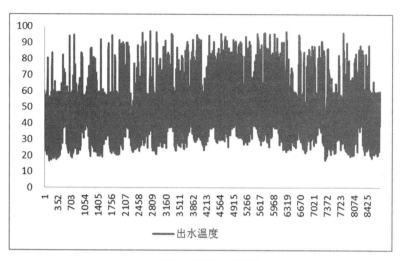

(e)工况 5 的逐时水箱温度

图 4 - 92　五种工况的计算结果

由图 4 - 92 所示结果可见,满负荷运行系统配置和控制策略较合理,但随着负荷率的下降,集热效率逐渐降低,系统过热的可能性越加明显,由图 4 - 92(e)可见,温度超过 85℃的小时数超过 304h。

(4)系统优化

小区即使入住率达到 100%,同时使用热水系统的可能性一般不会超过 70%,而在小区长期的建设和管理过程中,30%～50% 的同时使用系数可能概率较大,因此,文章以 50% 的同时使用系数工况(工况 3)重新进行优化分析。

a)优化贮热水箱热损系数和辅助热源启动控制

热损系数优化至 1.9 W/(m² · K),辅助加热器的启动控制由 35℃ 启动调整至 30℃ 启动,计算结果如表 4 - 14 所示。

表 4 - 14　贮热水箱保温性能和辅助热源启动控制优化分析结果

工　况	性　能	
优化前	太阳能保证率	52.4%
	集热效率	36%
	温度保证率	78.2%
	单位热量耗功率	0.75
优化后	太阳能保证率	63.4%
	集热效率	37.3%
	温度保证率	78.8%
	单位热量耗功率	0.5

措施效果:太阳能保证率和单位热量的耗功率显著提升,集热效率和温度保证率略有提升,但集热效率仍然不能满足要求。

b)优化集热循环控制

集热循环控制调整至温升小于3℃关闭,大于8℃开启,计算结果如表4-15所示。

表4-15 集热循环控制优化分析结果

工 况	性 能	
优化后	太阳能保证率	61.8%
	集热效率	39%
	温度保证率	78.9%
	单位热量耗功率	0.52

措施效果:集热效率和温度保证率略有提升,太阳能保证率和单位热量的耗功率略微下降,但集热效率仍然不能满足要求。

c)优化集热循环系统

集热循环增加旁通,即循环水泵流量和贮热水箱流量保持不变,计算结果如表4-16所示。

表4-16 集热循环系统优化分析结果

工 况	性 能	
优化后	太阳能保证率	64.6%
	集热效率	45.2%
	温度保证率	72.7%
	单位热量耗功率	0.44

措施效果:单位热量的耗功率和集热效率显著提升,温度保证率略微下降,太阳能保证率满足现行国家标准《可再生能源建筑应用工程评价标准》(GB/T50801—2013)的1级水平,集热效率满足上述标准的3级水平。

(5)防过热系统分析

正如性能分析所示,原系统除了存在集热效率不足之外,还存在低同时使用系数时过热可能性大的问题,针对工况5优化前后的分析结果如表4-17所示。

表4-17 工况5优化措施实施前后的分析结果

工 况	性 能	
优化前	太阳能保证率	62.4%
	集热效率	25.6%
	温度保证率	83.3%
	单位热量耗功率	0.66
优化后	太阳能保证率	65.3%
	集热效率	44%
	温度保证率	73%
	单位热量耗功率	0.43

如图4-93所示,相对于图4-92(e)系统过热明显降低,温度超过85℃的小时数由

304h 降低至 20h。

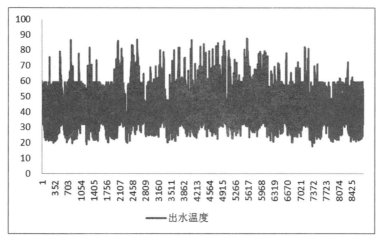

图 4-93　工况 5 的逐时水箱温度

（6）小结

由以上分析可见，原有系统配置相对合理，集热效率在部分负荷率情况下略显不足，尤其在同时使用系数降低至 30% 及以下时，系统过热几率大增，通过综合集热循环增加旁通、贮热水箱保温性能提升、集热循环控制、辅助加热器有效性控制、辅助加热器的启动控制等优化措施和不同运行模式的运行调节措施，系统整体性能可以满足要求，并保证全年正常运行。

3）分区式太阳能热水系统的办公建筑

（1）项目简介

某办公建筑建筑面积为 6 200m²，设计使用人数为 400 人，太阳能热水系统设置以太阳能为主、电力为辅的蓄热太阳能集中热水系统供应热水。太阳能热水系统为厨房、卫生间等提供热水，热水用水量标准 5 L/（人·d）（60℃）。按太阳能保证率 45 %，热水每天温升 45℃，安装太阳能集热面积约 66.9m²，如图 4-94 所示。

图 4-94　太阳能热水系统实景和应用效果图

热水系统分区情况同给水分区，一次循环（热媒）部分采用统一系统，容积式交换器及以后开始分区。基本流程如下：集热器收集太阳热能加热管路中热媒，热媒循环泵促使热媒流动，布设合理的管路系统使热媒可以合理地在不同分区的热交换器之间分配；热媒与热交换器内的水进行热交换后回流至集热器，热水储存在热交换器内。如遇雨天，太阳能所产热水不够使用,则交换器内的电加热器开始加热交换器内水,为系统提供热水。容积式热交换器置于地下室给排水机房内。

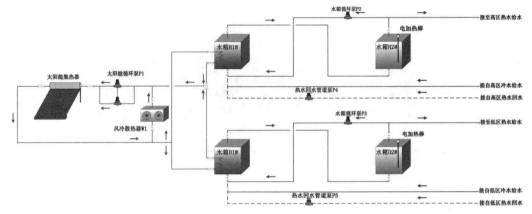

图 4-95 系统原理图

D1、H1 容积式换热器与集热器之间采用温差循环方式收集热量,两个温差循环共用一套集热系统,之间采用三通切换阀切换,D1 容积式换热器优先级高于 H1 容积式换热器。立式承压水箱作为供热水箱(0.75m³),为达到太阳能高效合理利用,水箱之间设置换热循环,当集热水箱(D1、H1)(0.75m³)温度高于供热水箱(D2、H2)温度时,自动启动换热循环将热量转移至供热水箱。供热水箱内置 36kW 辅助电加热(实际现场并未接通电源),电加热安装在供热水箱上部,启动方式为定时温控(低于 35℃ 启动)。

太阳能系统供水方面设置限温措施,1♯水箱限温 80℃、2♯水箱限温 60℃。为保证太阳能集热系统的长久高效性,在集热循环管路上安装散热系统,当集热器温度达到 90℃时,自动开启风冷散热器散热,当集热器温度回落至 85℃时停止散热。

(2)主要设备性能参数

项目主要设备的性能参数采用表 4-18 所列参数。

表 4-18 主要设备的性能参数

设 备 名 称	性 能
集热器(基于总面积)	$\eta = 0.424 - 1.632(T_i - T_b)/G$
热损系数(W/(m²·K))	3.0
集热循环控制	温升小于 2℃关闭,大于 8℃开启
辅助热源启动控制	低于 35℃,辅助热源启动
辅助热源有效性控制	全天
电辅助加热高温控制	60℃
集热水箱高温控制	80℃

(3)系统设计和性能分析验证

a)系统设计

由项目简介可知,项目采用的系统形式为分区四水箱真空管电辅助系统,可借助平台设计软件设计选项板的太阳能热水系统库直接调用,并选择专用菜单可再生能源系统辅助设计——设备刷新,从而完成系统图设计和设备参数、气象数据、热水规律、热水控制等基本参数的初始化。相关设备和边界条件参数的修改方法见相关文献。

b)工况设定

小时用水规律如图4-96所示,供热水箱内置36 kW辅助电加热(实际现场并未接通电源),因此工况分析主要考虑工况1,有辅助电加热和工况2,无辅助加热。

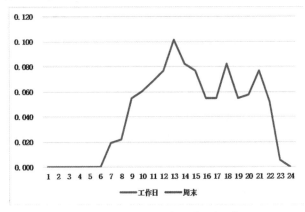

图4-96 工作日/周末小时用水规律

c)性能分析

性能分析验证的目的是检验系统匹配的合理性,主要评价指标包括太阳能保证率、集热效率、温度保证率等,具体结果见表4-19。

表4-19 性能分析结果

工 况	性 能	
1	太阳能保证率	12.6%
	集热效率	44.8%
	高区温度保证率	76.7%
	低区温度保证率	76.6%
	单位热量耗功率	1.05
2	太阳能保证率	100%
	集热效率	44.8%
	高区温度保证率	26%
	低区温度保证率	28.5%
	单位热量耗功率	0.53

由分析结果可见,原有系统配置存在问题,当无电辅助加热系统时,系统的温度保证率

严重不满足要求。

（4）系统优化

主要调节方法包括集热循环控制、辅助加热器的有效性控制、水泵配置等，所有优化措施主要针对工况2进行。

a）水泵配置优化

原有循环水泵的循环流量为 $3.1m^3/h$，先调整为 $1.4m^3/h$，计算结果如表4-20所示。

表4-20　水泵配置优化分析结果

工　况	性　　能	
优化前	太阳能保证率	100%
	集热效率	44.8%
	高区温度保证率	26%
	低区温度保证率	28.5%
	单位热量耗功率	0.53
优化后	太阳能保证率	100%
	集热效率	34.4%
	高区温度保证率	27.82%
	低区温度保证率	34.42%
	单位热量耗功率	0.23

措施效果：单位热量的耗功率和温度保证率显著提升，集热效率略有降低，但温度保证率仍然不高。

b）优化集热循环控制

集热循环控制调整至温升小于1℃关闭，大于2℃开启，计算结果如表4-21所示。

表4-21　集热循环控制优化分析结果

工　况	性　　能	
优化后	太阳能保证率	100%
	集热效率	19.3%
	高区温度保证率	30.1%
	低区温度保证率	56.3%
	单位热量耗功率	0.18

措施效果：单位热量耗功率和温度保证率显著提升，但集热效率显著降低，且温度保证率仍然不高。

c）提高集热器的性能

调整集热器为高效真空管集热器，性能为 $\eta = 0.65 - 1.25(T_i - T_b)/G$，计算结果如表4-22所示。

表4-22　集热器的性能优化分析结果

工　况	性　能	
	太阳能保证率	100%
	集热效率	39.1%
优化后	高区温度保证率	27.4%
	低区温度保证率	51.6%
	单位热量耗功率	0.17

措施效果:集热效率明显提升,温度保证率略有降低,为了进一步分析,需要分析水温的逐时变化,如图4-97所示,虽然温度保证率不高,但夏季仍然过热,因此系统还有提升的空间。

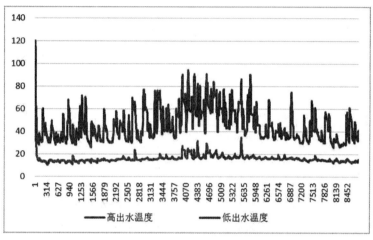

图4-97　水温的逐时变化曲线

d)调整集热器的倾角

集热器的倾角由30°调整为0°,计算结果如表4-23所示。

表4-23　集热器的倾角优化分析结果

工　况	性　能	
	太阳能保证率	100%
	集热效率	39.5%
优化后	高区温度保证率	27.8%
	低区温度保证率	53.2%
	单位热量耗功率	0.17

措施效果:集热效率和温度保证率略微提升。

e)进一步优化水泵流量

循环水泵的循环流量进一步调整为$1m^3/h$,计算结果如表4-24所示。

表 4-24　水泵流量优化分析结果

工　况	性　能	
优化后	太阳能保证率	100%
	集热效率	37.1%
	高区温度保证率	30.3%
	低区温度保证率	62.3%
	单位热量耗功率	0.14

措施效果:集热效率和温度保证率略微提升。

f)增加辅助热源

高低区贮热水箱分别增加电辅助热源,功率为 8kW,电辅助热源加热温度控制至 65℃,启动温度为 30℃,有效时间为 5~24 点,计算结果如表 4-25 所示。

表 4-25　增加辅助热源后分析结果

工　况	性　能	
优化后	太阳能保证率	45.8%
	集热效率	37.1%
	高区温度保证率	79.9%
	低区温度保证率	85.9%
	单位热量的耗功率	0.76

措施效果:对比表 4-19 的工况 1 可见,优化的系统在太阳能保证率、温度保证率方面都有非常高的提升,对比表 4-25 和图 4-24 可知,实际运行时在夏季晴天情形下不需开启电辅助能源,即系统实际的太阳保证率和单位热量的耗功率将介于表 4-24 和表 4-25 之间。

(5)小结

由以上分析可见,原有系统配置并不合理,尤其是电辅助加热设备的功率过大和集热循环水泵的流量也偏大,通过综合集热循环控制、辅助加热器的有效性控制、辅助加热器的启动控制等优化措施和不同运行模式的运行调节措施,系统整体性能可以满足要求,并保证全年正常运行。

4)系统改进建议

由以上应用分析可知,设计软件目前存在如下主要不足:

(1)未能实现进水温度全年可变,这与全年动态性能分析是不符的,为此软件进行了改进,可以按照春夏秋冬四个季节分别设置不同的进水温度。

(2)辅助能源有效性控制未能实现工作日和休息日的双工况运行,为此软件进行了改进,可以按照工作日和休息日的双工况进行设置。

(3)温度保证率概念不合理,即相同的平均温度可能存在波动幅度不一致,为此软件修改了原有温度保证率的概念,使用了平均温度和标准差的概念来替代。

(4)使用中也存在一些 bug,如内核程序已出现错误,但数据处理仍然进行,读取程序无文本窗口操作性差,综合性能显示结果对于集中集热分户贮热的系统局部有误,显示结果 Excel 文件未关闭时会出现内核程序计算错误等,为此软件都进行了改进,具体该改进结果见图 4-98。

（a)文件读取窗口

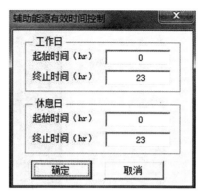

（b)辅助能源有效性控制双工况设置窗口

(c)季节进水温度的设置窗口

(d)综合性能指标的显示窗口

图 4 - 98　部分修改的功能设置界面

4.2.4　功能扩展开发

如 4.2.1 节至 4.2.3 节所述,"设计平台"研发已能够满足大部分太阳能热水系统集成设计的内容,多种可再生能源的集成系统还存在大量的地埋管地源热泵、地表水源热泵等系统形式,为了适应更多的集成系统设计,"设计平台"又进行了功能扩展开发,扩展的功能见表 4 - 26。

表 4 - 26　扩展的功能

序号	集成系统形式的扩展	功能	运行策略
1	地埋管地源热泵系统	1.地温温度变化分析;	1.冷却塔、地表水地源、锅炉等辅助能源的每日有效时间控制;
2	地埋管地源热泵+冷却塔联合系统	2.热泵机组及系统效率分析;	
3	开式地表水地源热泵系统	3.与常规系统比较的节约标煤分析;	
4	开式地表水地源热泵+冷却塔联合系统	4.负荷侧出水温度分析	2.冷却塔、地表水地源、锅炉等辅助能源的年度逐月有效运行控制;
5	开式地表水地源热泵+地埋管地源热泵联合系统		
6	开式地表水地源热泵+锅炉联合系统		3.开式地表水地源低温停运控制
7	地埋管地源热泵+锅炉联合系统		

拓展的多种可再生能源集成系统及功能界面如图 4 - 99 所示。

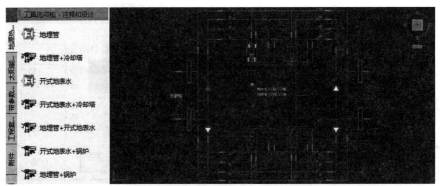

(a)快捷的内置可编辑设备参数的系统图

(b)调整后的主界面

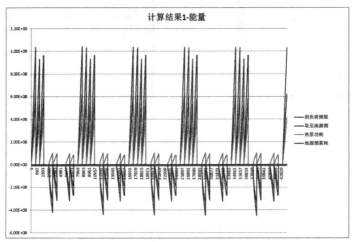

(c)计算结果(Excel)的显示界面

(d)综合性能指标的显示窗口

图4-99 拓展的多种可再生能源集成系统的功能界面

4.2.5　结语

研究提出的"基于计算模拟分析的多种可再生能源集成设计平台"可以大大提高可再生能源系统设计的效率和质量,同时满足现行国家标准《可再生能源建筑应用工程评价标准》(GB/T－50801－2013)和行业标准《太阳能热水系统应用技术规程》(DGTJ08－2004A－2014)等太阳能光热建筑利用方面的要求,并可以在 AutoCAD 一个平台上快速完成系统图的设计、系统分析以及设备容量的确定。

该软件目前所具备的功能已超过太阳能热水等行业内同类型的所有国产软件,可以满足大部分可再生能源系统整合设计的内容,随着产品后续的商业化开发和功能拓展,在国内将具备一流的竞争力和产业化效益前景。

第 5 章　可再生能源利用建筑一体化设计指南

5.1　概述

《可再生能源利用建筑一体化设计指南》是基于"十二五"科技支撑计划课题"可再生能源利用建筑一体化设计研究与示范"的研究成果提出的设计指导工具,目的是对于现有设计资料的补充,重点内容包括可再生能源利用建筑一体化设计流程、设计要点(含适用性确定〈地域适用性和功能适用性〉、组合策略方案确定、基于三维模型环境下的光伏光热建筑一体化设计和基于计算模拟分析的多种可再生能源集成设计)和应用案例三大部分。

5.2　可再生能源利用建筑一体化设计流程

可再生能源利用建筑一体化设计流程宜包括适用性确定、组合策略方案、一体化设计和施工图设计四个阶段(图 5 - 1),其中灰色部分是常规设计中可找到参考的设计部分,蓝色部分是本课题研究提出的研究成果。

(1)适用性确定的目的是判断是否采用可再生能源。

(2)组合策略方案的目的是确定多种可再生能源的集成方式。

(3)一体化设计的目的是确定合理的可再生能源利用规模、主要设备容量配置和保障措施,相当于方案设计和扩初设计需要完成的内容。

(4)施工图设计的目的是提供可以用于施工的图纸资料。

综上所述,由于灰色部分可以找到相关的参考资料,本指南不过多介绍,可以参考附录中的相关标准、图集和参考书籍。

5.2.1　适用性确定

可再生能源受到地理位置和气候环境的影响分布存在不均匀性和不稳定性,因此具有明显的地域适用性和建筑功能的适用性,不应任意照搬,应根据当地资源和建筑类型特点选择是否采用可再生能源。

1. 地域适用性确定原则

1)太阳能热水系统建筑一体化的地域适用性

我国的太阳能分布差异较大,获得太阳能资源越多,太阳能热水系统的投资回报率也就越高,文献《全国民用建筑工程设计技术措施/给水排水》(2009 版)对于太阳能热水系统利用投资回报期允许值进行了分析,分析结果表明主要分布于 5~15 年,依据此分布,将太阳能热水系统的适宜使用范围进行归纳,如表 5 - 1 所示。

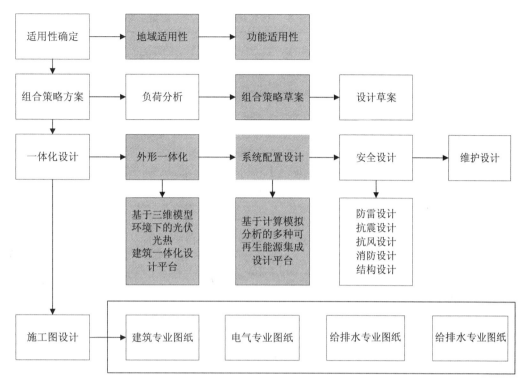

图5-1 可再生能源利用建筑一体化设计流程

表5-1 太阳能热水系统建筑一体化的地域适宜性表

适宜性分类	划分标准（投资回报期允许值）/年	主要城市	备注
非常适宜区	5～8	拉萨、西宁、伊宁、二连浩特、大同、格尔木、银川、喀什、哈密、阿勒泰、奇台、吐鲁番、库车、若羌、和田、额济纳旗、敦煌、民勤、伊金霍洛旗、那曲、玉树、昌都、腾冲、景洪、三亚	限于平屋面或坡屋面安装，墙面等垂直安装需要降一档
一般适宜区	10	北京、哈尔滨、长春、沈阳、天津、西安、济南、郑州、南昌、南京、上海、福州、韶关、南宁、昆明、兰州、乌鲁木齐、黑河、漠河、佳木斯、太原、侯马、烟台、峨眉山、威宁、蒙自、赣州、慈溪、汕头、海口	
谨慎使用区	15	合肥、武汉、宜昌、长沙、杭州、广州、桂林、贵阳、成都、重庆、绵阳、乐山、南充、万县、泸州、遵义	

2）太阳能光伏发电系统建筑一体化的地域适用性

光伏发电建筑一体化的适宜性也主要受到太阳能资源分布的影响，此外还受到光伏组件的类型和安装方式的影响。研究对4类四个太阳能资源带的9个城市进行详细计算，其他地域可以依据太阳辐照资料数据参考类似地域的适用性。依据投资回收期的差异性，将适宜性划分为：非常适宜区、较适宜区、一般适宜区、谨慎使用区四类，如表5-2～表5-5所示。

表 5-2 太阳能光伏发电建筑一体化的地域适宜性(屋面＋非幕墙)

城市	晶硅类型	适宜性				最佳倾角辐照量 /[MJ/(m² · a)]	备注
		非常适宜区	较适宜区	一般适宜区	谨慎使用区		
拉萨	单晶	√				9 444	
	多晶	√					
	非晶硅和微晶硅层叠(a—Si/mc—Si)	√					
	铜铟镓硒(CIGS)	√					
	碲化镉(CdTe)	√					
敦煌	单晶	√				8 173	
	多晶	√					
	非晶硅和微晶硅层叠(a—Si/mc—Si)		√				
	铜铟镓硒(CIGS)	√					
	碲化镉(CdTe)		√				
喀什	单晶	√				7 767	
	多晶	√					
	非晶硅和微晶硅层叠(a—Si/mc—Si)		√				
	铜铟镓硒(CIGS)	√					
	碲化镉(CdTe)		√				
银川	单晶		√			6 090	
	多晶		√				
	非晶硅和微晶硅层叠(a—Si/mc—Si)			√			
	铜铟镓硒(CIGS)		√				
	碲化镉(CdTe)			√			
沈阳	单晶		√			5 515	
	多晶		√				
	非晶硅和微晶硅层叠(a—Si/mc—Si)			√			
	铜铟镓硒(CIGS)		√				
	碲化镉(CdTe)			√			
北京	单晶		√			5 475	
	多晶		√				
	非晶硅和微晶硅层叠(a—Si/mc—Si)			√			
	铜铟镓硒(CIGS)		√				
	碲化镉(CdTe)			√			

续表

城市	晶硅类型	适宜性				最佳倾角辐照量/[MJ/(m²·a)]	备注
		非常适宜区	较适宜区	一般适宜区	谨慎使用区		
广州	单晶		✓			5 212	
	多晶		✓				
	非晶硅和微晶硅层叠(a—Si/mc—Si)			✓			
	铜铟镓硒(CIGS)		✓				
	碲化镉(CdTe)			✓			
上海	单晶		✓			4 964	
	多晶		✓				
	非晶硅和微晶硅层叠(a—Si/mc—Si)			✓			
	铜铟镓硒(CIGS)		✓				
	碲化镉(CdTe)			✓			
成都	单晶			✓		4 368	
	多晶			✓			
	非晶硅和微晶硅层叠(a—Si/mc—Si)			✓			
	铜铟镓硒(CIGS)			✓			
	碲化镉(CdTe)				✓		

表 5-3 太阳能光伏发电建筑一体化的地域适宜性(墙面+非幕墙)

城市	晶硅类型	适宜性				最佳倾角辐照量/[MJ/(m²·a)]	备注
		非常适宜区	较适宜区	一般适宜区	谨慎使用区		
拉萨	单晶	✓				7 135	
	多晶	✓					
	非晶硅和微晶硅层叠(a—Si/mc—Si)		✓				
	铜铟镓硒(CIGS)	✓					
	碲化镉(CdTe)		✓				
敦煌	单晶		✓			6 101	
	多晶		✓				
	非晶硅和微晶硅层叠(a—Si/mc—Si)			✓			
	铜铟镓硒(CIGS)		✓				
	碲化镉(CdTe)			✓			

城市	晶硅类型	适宜性				最佳倾角辐照量 /[MJ/(m² · a)]	备注
		非常适宜区	较适宜区	一般适宜区	谨慎使用区		
喀什	单晶		√			5 948	
	多晶		√				
	非晶硅和微晶硅层叠(a—Si/mc—Si)			√			
	铜铟镓硒(CIGS)		√				
	碲化镉(CdTe)			√			
银川	单晶			√		3 751	
	多晶			√			
	非晶硅和微晶硅层叠(a—Si/mc—Si)				√		
	铜铟镓硒(CIGS)			√			
	碲化镉(CdTe)				√		
沈阳	单晶			√		4 171	
	多晶			√			
	非晶硅和微晶硅层叠(a—Si/mc—Si)			√			
	铜铟镓硒(CIGS)			√			
	碲化镉(CdTe)				√		
北京	单晶			√		3 892	
	多晶			√			
	非晶硅和微晶硅层叠(a—Si/mc—Si)				√		
	铜铟镓硒(CIGS)			√			
	碲化镉(CdTe)				√		
广州	单晶				√	2 971	
	多晶				√		
	非晶硅和微晶硅层叠(a—Si/mc—Si)				√		
	铜铟镓硒(CIGS)			√			
	碲化镉(CdTe)				√		
上海	单晶			√		3 154	
	多晶			√			
	非晶硅和微晶硅层叠(a—Si/mc—Si)				√		
	铜铟镓硒(CIGS)			√			
	碲化镉(CdTe)				√		

续表

城市	晶硅类型	适宜性				最佳倾角辐照量 /[MJ/(m²·a)]	备注
		非常适宜区	较适宜区	一般适宜区	谨慎使用区		
成都	单晶				✓	2 975	
	多晶				✓		
	非晶硅和微晶硅层叠(a—Si/mc—Si)				✓		
	铜铟镓硒(CIGS)				✓		
	碲化镉(CdTe)				✓		

表 5-4　太阳能光伏发电建筑一体化的地域适宜性(屋面＋幕墙)

城市	晶硅类型	适宜性				最佳倾角辐照量 /[MJ/(m²·a)]	备注
		非常适宜区	较适宜区	一般适宜区	谨慎使用区		
拉萨	单晶		✓			9 444	
	多晶		✓				
	非晶硅和微晶硅层叠(a—Si/mc—Si)			✓			
	铜铟镓硒(CIGS)		✓				
	碲化镉(CdTe)			✓			
敦煌	单晶			✓		8 173	
	多晶			✓			
	非晶硅和微晶硅层叠(a—Si/mc—Si)				✓		
	铜铟镓硒(CIGS)		✓				
	碲化镉(CdTe)				✓		
喀什	单晶			✓		7 767	
	多晶			✓			
	非晶硅和微晶硅层叠(a—Si/mc—Si)				✓		
	铜铟镓硒(CIGS)			✓			
	碲化镉(CdTe)				✓		
银川	单晶				✓	6 090	
	多晶				✓		
	非晶硅和微晶硅层叠(a—Si/mc—Si)						
	铜铟镓硒(CIGS)				✓		
	碲化镉(CdTe)						

城市	晶硅类型	适宜性				最佳倾角辐照量 /[MJ/(m²·a)]	备注
		非常适宜区	较适宜区	一般适宜区	谨慎使用区		
沈阳	单晶				√	5 515	
	多晶				√		
	非晶硅和微晶硅层叠(a—Si/mc—Si)						
	铜铟镓硒(CIGS)				√		
	碲化镉(CdTe)						
北京	单晶				√	5 475	
	多晶				√		
	非晶硅和微晶硅层叠(a—Si/mc—Si)						
	铜铟镓硒(CIGS)				√		
	碲化镉(CdTe)						
广州	单晶				√	5 212	
	多晶				√		
	非晶硅和微晶硅层叠(a—Si/mc—Si)						
	铜铟镓硒(CIGS)				√		
	碲化镉(CdTe)						
上海	单晶				√	4 964	
	多晶				√		
	非晶硅和微晶硅层叠(a—Si/mc—Si)						
	铜铟镓硒(CIGS)				√		
	碲化镉(CdTe)						
成都	单晶					4 368	
	多晶						
	非晶硅和微晶硅层叠(a—Si/mc—Si)						
	铜铟镓硒(CIGS)						
	碲化镉(CdTe)						

表 5-5 太阳能光伏发电建筑一体化的地域适宜性(墙面+幕墙)

城市	晶硅类型	适宜性				最佳倾角辐照量 /[MJ/(m² · a)]	备注
		非常适宜区	较适宜区	一般适宜区	谨慎使用区		
拉萨	单晶			√		7 135	
	多晶			√			
	非晶硅和微晶硅层叠(a—Si/mc—Si)				√		
	铜铟镓硒(CIGS)			√			
	碲化镉(CdTe)				√		
敦煌	单晶				√	6 101	
	多晶				√		
	非晶硅和微晶硅层叠(a—Si/mc—Si)						
	铜铟镓硒(CIGS)				√		
	碲化镉(CdTe)						
喀什	单晶				√	5 948	
	多晶				√		
	非晶硅和微晶硅层叠(a—Si/mc—Si)						
	铜铟镓硒(CIGS)				√		
	碲化镉(CdTe)						
银川	单晶					3 751	
	多晶						
	非晶硅和微晶硅层叠(a—Si/mc—Si)						
	铜铟镓硒(CIGS)						
	碲化镉(CdTe)						
沈阳	单晶					4 171	
	多晶						
	非晶硅和微晶硅层叠(a—Si/mc—Si)						
	铜铟镓硒(CIGS)						
	碲化镉(CdTe)						
北京	单晶					3 892	
	多晶						
	非晶硅和微晶硅层叠(a—Si/mc—Si)						
	铜铟镓硒(CIGS)						
	碲化镉(CdTe)						

| 城市 | 晶硅类型 | 适宜性 | | | | 最佳倾角辐照量 /[MJ/(m² · a)] | 备注 |
		非常适宜区	较适宜区	一般适宜区	谨慎使用区		
广州	单晶					2 971	
	多晶						
	非晶硅和微晶硅层叠(a−Si/mc−Si)						
	铜铟镓硒(CIGS)						
	碲化镉(CdTe)						
上海	单晶					3 154	
	多晶						
	非晶硅和微晶硅层叠(a−Si/mc−Si)						
	铜铟镓硒(CIGS)						
	碲化镉(CdTe)						
成都	单晶					2 975	
	多晶						
	非晶硅和微晶硅层叠(a−Si/mc−Si)						
	铜铟镓硒(CIGS)						
	碲化镉(CdTe)						

3)地源热泵系统建筑一体化的地域适用性

"十二五"期间中国建筑科学研究院就"中国地源热泵应用适宜性"[7]进行了全面的分析,包括土壤缘热泵、地下水源热泵、地表水源热泵、海水源热泵等。地源热泵系统建筑一体化的地域适用性可参考该报告研究成果。

2.建筑功能适用性确定原则

1)太阳能热水系统建筑一体化的建筑功能适宜性

(1)应当根据热水需求量、季节性用水特点、昼夜用水特点以及经济效果决定是否选用太阳能热水系统。

• 当建筑热水用水需求很小时,不建议使用太阳能热水系统,如无食堂用水的办公楼,热水仅为办公人员洗手使用,使用量很小,不建议使用太阳能热水系统。

• 当系统主要用水量集中在冬季,在夏季用水量较少,则不建议使用太阳能热水系统。

• 当系统主要用水为夜晚用水,则适合使用太阳能热水系统,以便白天充分收集热量供夜间使用。

(2)应当根据用水特性、集热器可布设区域的大小、水温稳定性要求确定太阳能作为产生热水的主要热源还是辅助热源。

• 对于全日制使用热水的建筑,如宾馆、医院、游泳馆,热水使用量很大,若以太阳能作为主要热源难以满足热水用水要求,因此应使用太阳能作为辅助热源加热热水。

• 当集热器可布设区域不足时,应避免为了追求产热水量过度增加集热器面积,从而造成集热器之间的自遮挡,此时也应当使用太阳能作为辅助热源。

• 当系统对水温稳定性要求较高时,建议将太阳能作为辅助热源使用。

(3)应通过建筑类型和可布置集热器的位置来确定系统的集热供热形式,分为集中式、集中分散式、分散式 3 种。

• 公共建筑以及宿舍楼实行统一管理,适合采用集中式太阳能热水系统。

• 各户相互独立的别墅,适合采用集中式太阳能热水系统。

• 多层住宅、养老院以及屋顶面积充足的高层住宅,应采用集中分散式太阳能热水系统。

• 高层住宅由于屋面面积无法满足太阳能集热器的放置要求,可选择将集热器放置在各户阳台或是墙面,应采用分散式太阳能热水系统。

(4)应根据集热器和水箱的相对位置来确定太阳能热水系统的循环方式,可分为自然循环系统和强制循环系统。

• 当集热器布置在屋顶时,应采用强制循环系统。

• 当集热器在阳台布置时,根据水箱放置的方式选择循环方式,若水箱为地面放置的立式水箱时,应采用强制循环系统。

• 当水箱为阳台壁挂式且水箱进水口位置高于集热器出口时,可以利用不同温度水的密度差,使集热器加热的热水自然循环上升进入到水箱当中,从而进行自然循环。

(5)应根据水箱和用水点的相对位置确定给水方式,可分为重力式还是压力式。当水箱位于屋顶或是阁楼时,可以利用重力作用,采用重力给水。当水箱布置在阳台或是地下室时,需要采用增压水泵进行压力给水。

(6)应根据系统对水温稳定性的要求来确定集热器内的传热工质,可分为直接加热和间接加热两种形式。当系统对水温稳定性要求很高时,如游泳馆建筑,应当使用间接加热。

(7)太阳能热水系统中的集热循环水系统应进行阻垢处理,阻垢处理要求应根据水质和水箱形式确定。

(8)公共建筑应避免使用电加热作为其辅助热源。

太阳能热水系统的设计选用可参考表 5－6。

表 5-6　太阳能热水系统供设计选用表

		居住建筑					公共建筑				
		别墅	多层	高层	养老院	学生宿舍	办公楼(有食堂)	办公楼(无食堂)	宾馆	医院	游泳馆
集热与供热水范围	集中式供热水系统	●	●	—	●	●	●	—	●	●	●
	集中分散式供热水系统	—	●	●	●	●	—	—	—	—	—
	分散式供热水系统	—	—	●	—	—	—	—	—	—	—
集热循环系统运行方式	自然循环系统										
	强制循环系统	●	●	●	●	●	●		●	●	●
集热器布置位置	屋顶	●	●	●	●	●	●		●	●	●
	墙面/阳台	—	●	●	—	—	—		—	—	—
集热器形式	真空管	●	●	●	●	●	●		●	●	●
	平板	●	●	●	●	●	●		●	●	●
水箱位置	阳台	●	●	—	—	—	—		—	—	—
	屋顶	●	●	●	●	●	●		●	●	●
	阁楼	●	●	●	●	—	—		—	—	—
	地下室	●	—	—	—	—	—		●	●	●
给水方式	重力式										
	压力式	●	●	●	●	●	●		●	●	●
集热器内传热工质	直接加热	●	●	●	●	●	●		●	●	●
	间接加热	●	●	●	●	●	●		●	●	●
辅助加热热源	电	●	●	●	●	●	●		—	—	—
	燃气	●	●	●	●	●	●		●	●	●
	空气源热泵	●	●	●	●	●	●		●	●	●
	地源热泵	●	—	—	—	—	—		●	●	●
辅助能源启动方式	全日自动启动系统	●							●	●	●
	定时自动启动系统	●	●	●	●	●	●		●	●	●
	按需手动启动系统	●	●	●	●	—	—		—	—	—

注："●"表示可以使用；"—"表示不建议使用

2)太阳能光伏发电系统建筑一体化的建筑功能适宜性

(1)太阳能光伏发电系统可适应各种不同的建筑功能需求,在保证光伏电池组件在冬至日 3h 以上日照接受条件时,可在居住建筑、公共建筑以及工业建筑中应用。

(2)光伏发电系统选型决策前宜进行项目投资回收期估算,结合实时的电网用电价格和实时的分布式光伏发电电价补贴政策,分析不同系统类型的投资回收期。当项目投资回收期小于 15 年时,推荐选用。

(3)逆流型和非逆流型系统均可在各类功能建筑中适用,具体选用需要结合建筑用电特征和投资回收期的计算进行判断。当建筑白天有用电需求且负荷全年连续,如商场、酒店,建议采用非逆流型系统。当建筑白天用电需求不稳定或全年不连续,如居住建筑、会展建筑、体育场馆建议采用逆流型系统。

(4)根据建筑功能和发电用途确定是否选用储能装置。居住建筑用电集中在夜间,推荐设置储能型系统;公共建筑和工业建筑用电集中在白天,不推荐使用储能型系统。当光伏发电接入局部配电系统,如发电用于照明等类型,可设置储能型系统,其余情况不推荐设置储能型系统。

(5)居住建筑屋面面积有限,立面资源的应用牵扯到不同住户的意愿,不推荐在居住建筑上应用大型光伏发电系统。工业建筑屋面资源丰富,用电需求量大,具备实施中、大型光伏发电系统的良好的条件,因此建议应用中型和大型光伏发电系统。

(6)系统容量的确定方法建议根据系统形式确定。对于非逆流型系统,推荐按照用电量比例确定,根据项目实际需求和条件合理设定光伏发电占建筑用电量比例目标,进而计算确定系统容量;对于逆流型系统,推荐按照可布置光伏组件区域面积确定,按照资源最大化利用的原则,计算确定系统容量。

光伏发电系统设计可参考表 5-7。

表 5-7　光伏发电系统设计选用表

		居住建筑	公共建筑		工业建筑
			一般建筑	大型建筑	
是否通过供电变压器向公用电网馈电	逆流型光伏发电系统	●	●	●	●
	非逆流型光伏发电系统	●	●	●	●
是否带有储能装置	储能型光伏发电系统	●	—	—	—
	非储能型光伏发电系统	●	●	●	●
总装机容量	小型光伏发电系统	●	●	●	—
	中型光伏发电系统	●	●	●	●
	大型光伏发电系统	—	●	●	●

3)地源热泵系统建筑一体化的建筑功能适宜性

(1)地埋管地源热泵系统在空调制热、制备生活热水、加热游泳池水等方面较传统锅炉系统有明显的节能优势,该系统有较好的适宜性及推广性。

(2)地表水(淡水源)地源热泵系统具有一定的适宜性,但应谨慎选用。在有污水水源的区域,应事先进行地表水(污水源)地源热泵系统应用的可行性技术论证。

(3)地表水(淡水源)地源热泵系统具有一定的适宜性,但应谨慎选用。在有污水水源的区域,应事先进行地表水(污水源)地源热泵系统应用的可行性技术论证。

(4)应根据建筑类型选用地源热泵系统。

· 最适合采用地埋管地源热泵系统建筑类型是住宅、宾馆、医院病房等空调热负荷相对较大并有较多热水需求的建筑。

• 住宅建筑采用地源热泵系统,亦为其末端设计的多样化提供可能,可与风机盘管、辐射地板采暖等高舒适低能耗末端相结合,提高室内舒适度。

• 办公建筑也可采用地埋管地源热泵系统。

• 大型商业建筑因含有大量内区而不适合选用地埋管地源热泵系统。

(5)应根据建筑类型确定地源热泵系统形式。

• 公共建筑应选用集中式系统。

• 住宅项目应选用每户拥有独立主机及水泵的分散式系统,不宜选用主机集中式系统,埋管可集中布置。

(6)应根据建筑类型确定辅助能源及压缩机形式。

• 低层住宅(别墅)一般负荷不大,可通过适量增加埋管换热面积的方式,满足取热量和释热量的要求,保证地下岩土体温度在全年使用周期内得到有效恢复。

• 多层及高层住宅总体负荷较大,可通过设置冷却塔的方式,平衡地埋侧的换热量;办公、宾馆、医院病房等公共建筑负荷较大,应通过换热量计算,确定辅助能源形式及大小。

• 离心机、螺杆机适用于具有一定规模的办公、宾馆、医院建筑。

• 涡旋式机组适用于负荷较小的住宅,以及 24h 运营的规模不大的宾馆及医院病房建筑。

地埋管地源热泵系统设计可参考表 5-8 与表 5-9。

表 5-8　地埋管地源热泵系统设计选用表(制冷大于供暖的地区)

		居住建筑			公共建筑			
		低层	多层	高层	办公	宾馆	大型商业	医院病房
系统形式	集中式	—	—	—	●	●	—	●
	分散式(户式)	●	●	●	—	—	—	—
系统功能	制冷	●	●	●	●	●	—	●
	制热	●	●	●	●	●	—	●
	生活热水	●	●	●	—	●	—	●
	游泳池加热	●	—	—	●	●	—	—
辅助能源	冷却塔	—	●	●	●	●	—	●
	风冷冷水机组	—	—	—	●	—	—	—
	锅炉	—	—	—	—	—	—	—
压缩机形式	离心式	—	—	—	●	●	—	●
	螺杆式	—	—	—	●	●	—	●
	涡旋式	●	●	●	—	●	—	●

表 5-9　地埋管地源热泵系统设计选用表(供暖大于制冷的地区)

		居住建筑			公共建筑			
		低层	多层	高层	办公	宾馆	大型商业	医院病房
系统形式	集中式	—	—	—	●	●		●
	分散式(户式)	●	●	●	—	—		—
系统功能	制冷	●	●	●	●	●	—	●
	制热	●	●	●	●	●		●
	生活热水	●	●	●	—	●		●
	游泳池加热	●	—	—	●	●		●
辅助能源	冷却塔	—	●	●	●	●		●
	风冷冷水机组	—	—	—	—	—	—	—
	锅炉	—	●	●	●	●	●	●
压缩机形式	离心式	—	—	—	●	●		●
	螺杆式	—	—	—	●	●		●
	涡旋式	●	●	●	—	—		●

5.2.2　组合策略的确定

1.组合方式类型

多种可再生能源方式的集成应用多数处于非紧密的复合性,即各自相互独立互补干扰,归纳起来主要包括以下几种类型。

1)非紧密型

非紧密型组合方式是大部分可再生能源综合利用的常用方式(图 5-2,图 5-3),该类型的组合方式的主要特点是生活热水和供热、供冷相互对立,专业间的影响较小,工况之间影响较小,即设计方法可以依据各专业和工况的特点独立完成,设计较为简单;缺点是每个系统都需要其他常规能源作为补充,较适用于集成能力和管理能力不强的地区和项目。

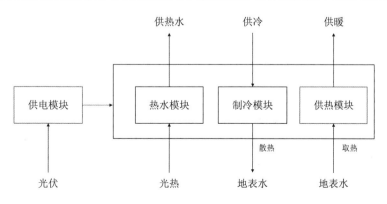

图 5-2　非紧密型——A 型

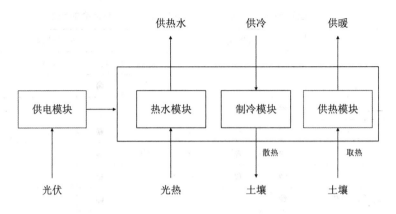

图 5-3　非紧密型——B 型

2）紧密型

紧密型组合方式中 A 型（图 5-4）的主要特点是降低了生活热水的系统过热的概率，提高了太阳能的利用率，相对于局部紧密型和非紧密型组合方式，专业间需要配合，暖通系统需要配置吸收式制冷机组，即较适合有用于生活热水的太阳能富裕较大以及存在其他废热资源的项目。

紧密型组合方式中 B 型和 C 型（图 5-4，图 5-5）土壤源热泵和地表水源热泵可以理解为太阳能热水系统的辅助能源，该组合方式的主要特点是有利于土壤侧的热平衡，提高了可再生能源的综合利用率，专业间需要配合，较适用于冬夏季供暖制冷负荷存在不平衡的地区、生活热水负荷较大的项目。

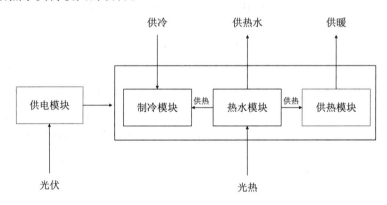

图 5-4　紧密型——A 型

3）局部紧密型

局部紧密型组合方式（图 5-6）主要体现在供冷、供热系统中土壤源热泵和地表水源热泵的集成，该组合方式的主要特点是：生活热水和供冷、供热相互对立，专业间影响较小，即设计方法可以依据各专业的特点独立完成，相对于非紧密型组合方式，对于供冷、供热系统，可再生能源的可靠性极大提高，地表水源热泵和土壤源热泵相互弥补各自的不足，缺点是运行较为复杂，需要根据地表水的温度、土壤的温度以及两套系统的效率切换机组，较适于场地有较好土壤源和地表水源资源的项目。

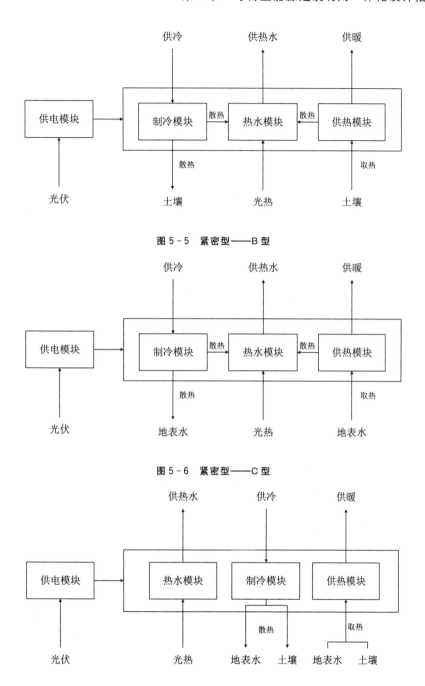

图 5-5　紧密型——B 型

图 5-6　紧密型——C 型

图 5-7　局部紧密型——A 型

2.组合策略方案确定原则

从目前的工程应用来看,非紧密型组合方式为最易推广的组合方式,局部紧密型组合方式和紧密型组合方式中 B 型和 C 型、紧密型组合方式 A 型有条件时宜优先采用。

多种可再生的源组合策略选取原则如表 5-10 所示。

表 5-10   多种可再生能源组合策略选取原则

组合方式	优点	缺点	适用范围
非紧密型组合方式	• 生活热水和供热、供冷相互对立 • 专业间影响较小 • 工况之间影响较小	• 每个系统都需要其他常规能源作为补充	• 较适用于集成能力和管理能力不强的地区和项目
局部紧密型组合方式	• 生活热水和供冷、供热相互对立 • 专业间影响较小 • 可再生能源的可靠性极大提高	• 运行较为复杂,需要根据地表水的温度、土壤的温度以及两套系统的效率切换机组	• 较适于场地有较好土壤源和地表水源资源的项目
紧密型组合方式 A 型	• 降低了生活热水的系统过热的概率 • 提高了太阳能的利用率	• 专业间需要配合 • 吸收式制冷机组还需其他热源,如燃气锅炉等	• 较适合于有用于生活热水的太阳能富裕较大以及存在其他废热资源的项目
紧密型组合方式中 B 型和 C 型	• 有利于土壤侧的热平衡 • 提高了可再生能源的综合利用率	• 专业间需要配合	• 较适用于冬夏季供暖制冷负荷存在不平衡的地区、生活热水负荷较大的项目

5.2.3 一体化设计

可再生能源的一体化设计一般涉及建筑专业的外形一体化设计、系统设计、安全设计(含防雷、消防、防水、抗震、抗风等)和维护设计,根据调查研究可见,可再生能源目前存在的核心问题为外形一体化和系统配置设计的合理性,关于安全设计、维护设计以及外形一体化和系统设计常规设计流程内容本指南不详细介绍,可查询其他相关资料。

1. 太阳能光伏或光热系统的外形一体化设计

1)设计流程

课题研究提出了基于三维模型环境下的光伏建筑一体化设计平台(图 5-8),其设计流程见图 5-9。该平台是基于草图设计大师 SketchUp 软件环境下采用 ruby 语言二次开发的设计平台。软件研发的目的是在建筑方案设计阶段引入光伏、光热的一体化设计,使得光伏和光热板可以获得最佳的安装角度、安装位置和安装面积,将光伏、光热的组件设计、辐照量分析、发电量、产热量计算、造价估算以及目标评价集成一体,并提升建筑设计的效率。

2)主要特点

(1)实现建筑方案设计阶段光伏、光热板的快速布置设计

可以实现包括规则矩形、复杂异形平面、倾斜表面的快速一体化布置,如图 5-10 某商场 18 000m² 的复杂屋面仅需要 5s 即可完成光伏板的一体化布置,可以帮助设计师快速完成草图设计,并确定光伏板的数量和规模。

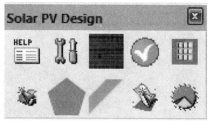

图 5-8　ISAD1.0 太阳能建筑一体化设计软件的工具栏菜单

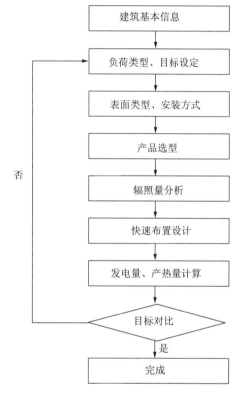

图 5-9　设计平台操作流程

（2）内置辐照量计算内核，可实现辐照量计算，用于确定合理的布置区域和规模

通过内置的辐照量计算内核，可以直接在 SketchUp 环境下计算复杂表面的辐照量，如图 5-11 为某工程复杂曲面通过传统方法借助犀牛＋Ecotect 计算时间约需 1～2d，计算结果无法与 SketchUp 模型的网格划分一致，而通过 ISAD1.0 太阳能建筑一体化设计软件计算，时间仅仅需要 2～3min，并可以直接确定合理的布置区域，无须多个软件的操作，减少了信息传递带来的繁琐和信息损失。

（3）可以实现光伏系统、光热系统的发电量、产热量计算和造价估算，以及目标评价

软件可以参考现行国家标准《绿色建筑评价标准》(GB50378－2014)等对设计方案的性能进行分析、目标评价和造价估算，可以满足设计初期建筑设计师、咨询师和开发商的诉求。

（4）丰富的三维光伏、光热产品一体化组件

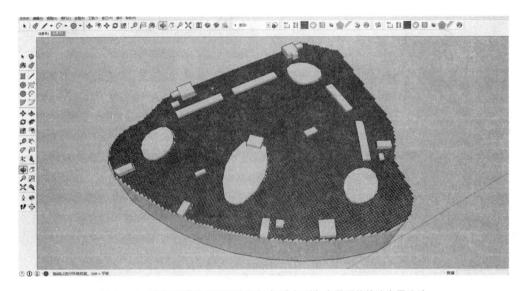

图 5-10 某商场(带有屋顶天窗和机房)非规则复杂屋顶的快速布置设计

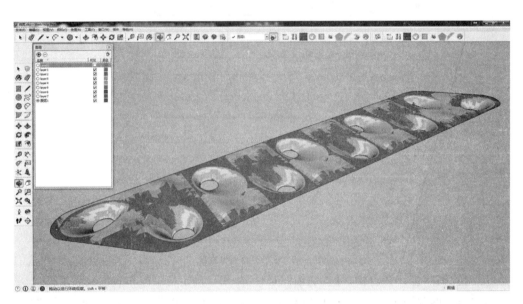

图 5-11 某综合体屋面太阳能光伏一体化设计的辐照量分析

软件涵盖了用于平屋面、锯齿形彩钢屋面、坡屋面(含瓦屋面)的贴合支架安装、倾斜支架安装、可调节支架安装等丰富的三维光伏、光热产品一体化组件(图 5-12,图 5-13)。

2. 系统配置设计

1)设计流程

课题研究提出了基于计算模拟分析的多种可再生能源集成设计平台,基于该平台的设计流程见图 4-15。该平台是基于欧特克 AutoCAD 计算机辅助设计软件环境下采用 VBA. net 技术二次开发的设计平台。软件研发的目的是将可再生能源系统工程图纸设计、设备选型和性能分析集成,提升系统专业设计的效率和质量。

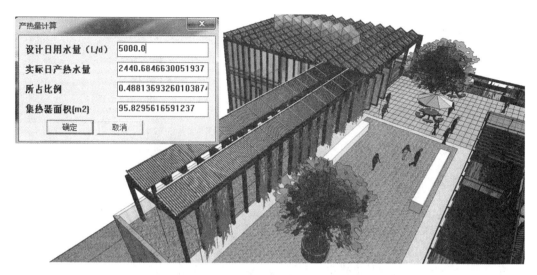

图 5-12　某绿色建筑项目屋顶太阳能热水系统的产热量计算和目标评价

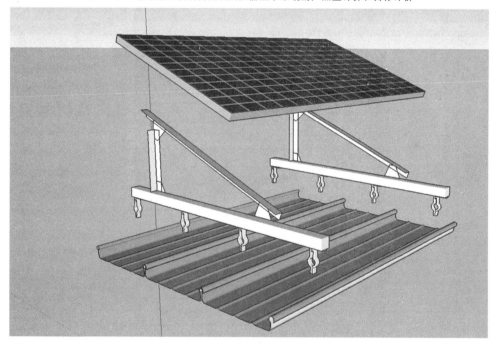

图 5-13　锯齿形屋面的光伏一体化安装三维组件

2）主要特点

（1）具有丰富的系统图库和案例库、阀门、附件和常用设备等标准图块，可以辅助专业设计人员快速完成系统图设计工作。

软件目前集成了 33 种常用太阳能热水系统图和 7 种常用地源热泵集成系统图，14 种常用阀门、8 种常用附件、20 种常用设备的标准图块以及部分实际案例的系统工程图，设计人员只需通过工具选型板即可快速完成系统图的设计和修改（图 5-14）。

软件内置的太阳能热水系统图，覆盖了 90% 以上的常用太阳能热水系统形式，按照集

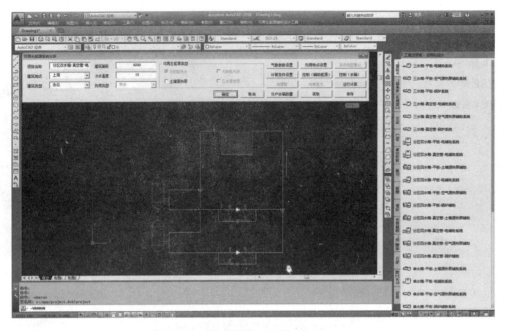

图 5-14　基于计算模拟分析的多种可再生能源集成设计平台

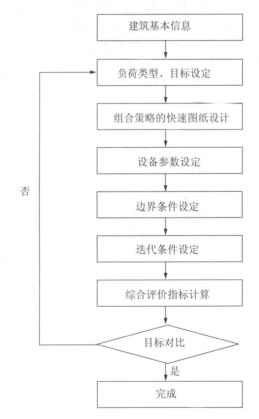

图 5-15　设计平台操作流程

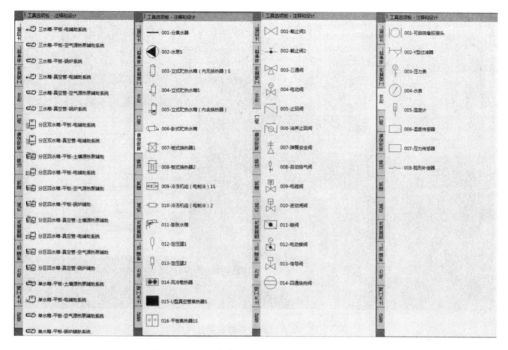

图 5-16　系统辅助设计软件专用工具选项板

热器分类涵盖平板集热器和真空管集热器,按照水箱设计方式分类涵盖集热供热共用单水箱、集热供热分置的双水箱以及集热、缓冲、供热分置的三水箱,按照建筑是否进行压力分区分类涵盖高低分区系统和不分区系统,按照系统的集热与供热范围分类涵盖集中供热、集中分散供热和分散供热三种形式,按照辅助加热热源形式涵盖电、燃气、空气源热泵、锅炉和地源热泵五种类型。

(2)集成 TRNSYS(瞬时系统模拟程序)的计算内核,可实现直接在 AutoCAD 平台内完成太阳能热水系统的设备容量选型、性能分析和评价。

设计软件内置的常用太阳能热水系统图和案例,全部可实现主要设备(包括水泵、水箱、集热器、空气源热泵、土壤源热泵、锅炉等)的参数设定和系统整体性能分析(包括出水温度保证率、太阳能保证率、单位热量耗功率、平均集热效率等),并可依据现行国家标准《可再生能源建筑应用工程评价标准》(GB/T50801-2013)进行综合等级评价。

用户只需在 AutoCAD 平台内右键点击相应设备图块选择编辑属性,即可对设备的参数进行编辑和修改。

5.2.4　关键设备设计建议

1.太阳能热水系统

1)集热器设计

太阳能作为产生热水的主要热源,系统设计时,集热器面积应根据最高日用水量和太阳能保证率的取值来确定计算。

示范项目的太阳能热水系统设计应进行动态模拟计算,对太阳能保证率进行验证,居

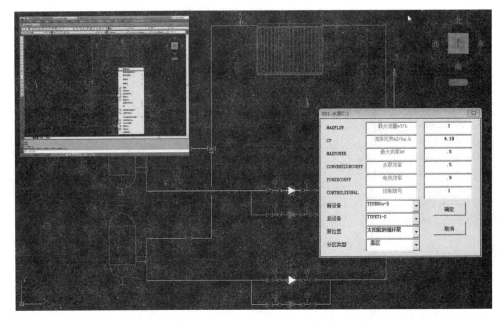

图 5-17 主要设备的参数设定过程界面

图 5-18 主要设备的参数设定界面

住建筑选用的太阳能保证率不应低于 50%,带食堂的办公类建筑保证率选用的太阳能保证率不低于 40%,宾馆、医院、游泳池选用的太阳能保证率不低于 30%。

常规项目当选择太阳能热水系统作为主要热源时,可通过静态计算确定太阳能保证率。居住建筑选用的太阳能保证率不应低于 45%,带食堂的办公类建筑保证率选用的太阳能保证率不低于 35%,宾馆、医院、游泳池选用的太阳能保证率不低于 25%。

公共建筑、别墅、养老院、宿舍、多层住宅建筑,当优先选择将集热器在屋面布置。高层建筑和部分多层建筑,可以选择将集热器布置在阳台或墙面。

阳台或墙面安装集热器时,应在可调节范围内,通过计算、模拟,选择更好的安装倾角。

设计时应进行集热器采光条件分析,防止建筑立面凹凸会对集热器产生遮挡。

低层住户的集热器安装应避免被遮挡。

在建筑坡屋面上安装的集热器考虑与建筑屋顶结合,建议选择平板式。阳台壁挂式太阳能热水器可选择真空管式,与阳台格栅相集合。

示范项目若使用平板集热器,进水处应安装除垢装置。常规项目可通过定期清理排除

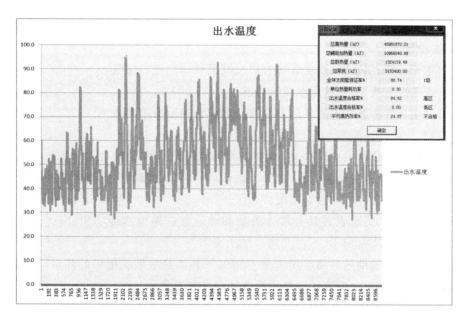

图 5-19 主要参数计算结果和性能评价

水垢。

示范项目的集热器若设置在难以清洗的位置,应安装清洗接头。常规项目集热器可利用雨水对其表面的冲刷防止灰尘沉积。

2)集热水箱设计

应根据确定的集热器面积依次计算出水箱容积、水泵流量和扬程,确定辅助加热形式,可以根据建筑供能特点选择电、燃气、空气源热泵、地源热泵几种辅助热源。

集热水箱的位置应结合集热器和用水点位置进行选择。

当集热器布置在屋顶时,水箱可以结合建筑性质选择多种布置方式,对于公共建筑、养老院、宿舍这类具有平屋面的可以将水箱放置在屋顶,靠近集热器布置,以减少循环管线的长度。别墅类建筑具有坡屋面特性,可以利用阁楼空间作为水箱的放置场所。多层住宅的水箱根据分户储热的条件,也可分别放置在各户的阳台上。有地下室空间可以利用的建筑,可将水箱布置在地下室,但应尽量避免由此导致的管线过长问题。

当集热器布置在阳台时,水箱也建议就近布置在阳台,可采用立式和壁挂式两种。

示范项目有夏季防过热需求时,贮水箱宜设置容积可调节设施,通过冬夏季水箱容积的切换来防止过热。

(1)集热水箱应避免放置在密闭空间。若放置在密闭空间中应当注意排风,并结合消防设计,防止排汽对消防监控产生的影响。

(2)集热水箱保温应在检漏试验合格后进行。水箱保温应符合现行国家标准《工业设备及管道绝热工程质量检验评定标准》(GB 50185)的要求。

(3)设计时注意集热水箱的位置设定、循环方式的选择、管线的走向,防止管线过长导致热损失增多。

(4)集热水箱应避免占用较多的用户空间。

（5）太阳能热水系统宜设置上水防爆管保护控制。

3）管线设计

（1）集热循环管、供水管、回水管等管道及其配件均应进行保温。

（2）注意管道走线，防止裸露在建筑外部。

（3）集热循环管和热水供应管道上应有补偿管道热胀冷缩的措施。

4）控制系统设计

（1）办公和宿舍热水用水时间集中，宜选择辅助加热热源定时自动启动的方式。大多住宅类建筑，可根据用户自己的需求选择手动开启。宾馆、医院、游泳馆要求热水系统不间断供应，则需要选择全日自动启动系统。

（2）示范项目冷、热水表宜具有累计流量和计量数据输出远传功能，应优先选用具有RS-485 标准串行接口或 M-BUS 电气接口的水表。

（3）示范项目的辅助热源用电用气量及辅助加热的热泵系统提供的热量应进行计量。有收费要求的太阳能热水系统还应在供水末端安装热量表。

（4）集中式太阳能热水系统及集中－分散式太阳能热水系统应设置过热防止措施，过热温度宜设置为 80℃±5℃。对于以上系统若水箱采用开式水箱，则防过热温度宜设置为75℃±5℃。

（5）太阳能热水系统宜安装过热报警系统，但报警系统的灵敏度和安装位置的设置应当合理，避免对用户和居民的干扰。

（6）示范项目应在太阳能热水系统安装位置安装气象监控装置。

（7）示范项目为分散式太阳能热水系统时，应增加操作灵活的控制面板，控制面板上应有启停时间、温度、水位调节，宜有用水量、实时温度、用热量的显示功能。

2. 地埋管地源热泵

1）地埋管地源热泵系统设计选型

（1）应根据建设项目应用规模合理确定埋管管井数量、占地面积及位置。

• 地埋管地源热泵系统的应用规模不宜过大，埋管管井数量以不超过 1 000 口为宜。

• 应对场地内是否有足够的埋管面积进行判断。埋管面积与土壤换热能力、埋管方式（单 U、双 U）、埋管间距、孔深等很多因素有关。

• 埋管位置应选择室外空地区域；若空地区域面积不够，可以通过调整系统方案的方法，减少地埋管地源热泵系统的承担负荷比例。

• 新建建筑也可考虑建筑底板下埋管和桩基埋管，但其施工工序都较为复杂，影响因素也较多，应谨慎选用。

2）地埋管地源热泵系统设计要点

（1）实测的每延米换热量不应直接用于换热器系统的设计。

• 应考虑适当的修正，尤其是埋管数量较多时更不可忽视修正。

• 通常地埋管夏季单位长度换热量设计取值为 60～70W/m，冬季单位长度换热量设计取值为 40～50W/m，但系统长期运行会对土壤温度及换热效率产生影响，使得设计值与实际值之间存在一定的偏差（一般项目偏差约为 30%，24h 运行的项目偏差可达 50%），建议一般项目应在上述取值基础上按 0.7 进行修正,24h 运行的项目应在上述取值基础上按 0.5 进行修正。

• 埋管数量较多的项目应采用动态耦合计算方法进行设计,确保地埋管侧换热量计算的准确性。

(2)应设置冷热量计量监测表,通过对计量数据的监测和分析,及时调整和制定运行策略,优化系统运行方案,保证换热效率。

(3)大型建筑项目应设置土壤温度监测装置,防止土壤温度产生逐年变化而恶化换热工况,影响系统运行寿命。

(4)对于打井成本较低的上海地区,建议优先采用单 U 埋管;打井难度大、成本高的岩石地区,可采用双 U 埋管。

(5)应根据具体工程的实际情况,合理选择地埋管水平管的设计方式,应综合考虑集管式与非集管式两种方式不同的特点:

• 集管式

A.优点:地埋管换热器可以做到同程设计,较易达到水力平衡。

B.缺点:焊接节点多,对施工焊接人员技术要求较高;如果集分水器上发现有一个回路漏水,则同组的若干个井孔全部报废;管件价格较高,投资略高。

• 非集管式

A.优点:焊接节点少;每个孔可以单独控制,如果有一个井孔中的 PE 管漏水,只需要单独关闭集分水器上一路 PE 管的阀门,报废一口井孔;管道价格与管件价格相比较便宜,投资略省。

B.缺点:地埋管换热器不易做到同程设计,较难达到水力平衡。

(6)采用建筑底板下埋管时,应合理选择地埋管从大底板下引到建筑物内的方式。

• 方案一,管道直接穿越大底板,进入地下室。应重点做好防水设计,将漏水隐患降到最低。

• 方案二,沿大底板下面引到侧墙边,在地下室侧墙外与围护桩之间的空隙上翻,从地下室侧墙进入地下室。应考虑建筑物沉降或者上浮对管道造成的影响。

• 具有一定规模的项目采用方案二时,水平干管路径的设计还应避开穿越沉降缝、伸缩缝、后浇带等特殊结构,防止水平管受力损坏,可对换热器孔井进行合理分组、组团,将每个组团的若干组水平干管从大底板下面引向侧墙,从侧墙外面引到二级集分水器。

(7)地埋管的埋管数量应考虑一定的余量。

(8)地埋管钻孔孔径的大小除满足上海市现行工程建设规范《地源热泵系统工程技术规程》(DG/TJ08-2119-2013)规定的"单 U 管不宜小于 110mm,双 U 管不宜小于 140mm"要求以外,还应考虑泥浆泵机械回填对孔径大小的需求,一般以 150～180mm 为宜。

(9)应控制机房中控制柜的环境温度,避免控制柜所在环境的温度过高,变频器频繁停止工作的现象发生。可采取以下措施之一:

• 将机房整体设置空调系统。

• 将控制柜设置在具有空调系统的单独空间内。

(10)敷设在地下室、管井、管沟等处的管道及阀门等配件应采取防冻措施,以防止管道或阀门冻裂导致漏水。

(11)地埋管地源热泵系统效率应满足以下要求：

• 一般工程系统制冷能效比 EERsys 不应小于 3.0、制热性能系数 COPsys 不应小于 2.6。

• 节能示范项目系统制冷能效比 EERsys 及制热性能系数 COPsys 均不应小于 3.4。

(12)住宅地源热泵系统冬、夏季模式切换方式应便于用户自行切换。

(13)冷热源设备应具有群控措施，可根据室外温度变化、地源侧水温、负荷的变化切换机组的运行方式。

3.地表水地源热泵

1)地表水地源热泵系统设计选型

(1)冬季热负荷不大、有较大内区的大型商业建筑、观演建筑等可采用地表水地源热泵系统，其他类型建筑采用地表水地源热泵系统应通过技术经济比较确定。

(2)上海地区主要地表水源为淡水源(江河水、湖水、水库)和污水源，只要地表水冬季不结冰，均可作为低位热源使用，但应注意建设项目与水源之间的距离。

(3)应根据水体性质选择系统类型。

• 地表水取自江河等流动水体，应采用开式系统。

• 地表水取自水库或湖体等相对滞留的水体，既可以采用闭式系统，也可以采用开式系统，但系统选择与水温、水质有关，宜优先采用闭式系统。

(4)上海地区常采用的辅助能源形式主要有风冷热泵机组、锅炉、蓄冷装置、冷却塔、地埋管地源热泵系统等。具体选用时应根据建筑负荷特点经过计算后确定。

2)地表水地源热泵系统设计要点

(1)制定地表水地源热泵系统设计方案时应对水体水质进行充分的调查，对现有水体温度数据进行分类整理，现有数据不能满足设计要求时，应对水体进行温度实测。应重视以下问题：

• 重点关注近年的极端最高和最低水温、水温变化曲线等。

• 根据详细的水体温度做出正确的判断，保证换热设备的制冷、制热能力以及效率。

(2)对开式系统的要求：

• 应采取有效的水处理措施，防止水体中的泥沙产生淤积，影响系统的正常运行。重大项目宜设置水质监测装置。

• 应重点关注源侧水泵能源消耗量的大小和比例，避免水泵能耗过高使系统失去节能的优越性。

• 应防止取水口位置距离江底泥面太近，以减少取水口泥沙产生淤积的可能性和频率，必要时在取放水口处采取围堰措施。

• 取水口的水位设计应综合考虑全年的情况，宜以冬季水位作为设计依据。

• 应根据水质情况和取水流量合理选择过滤器，避免过滤器堵塞来不及清洗。

• 防阻器、过滤器、换热器前后应设置压差监测装置。

(3)地表水地源热泵系统效率应满足以下要求：

• 一般工程系统制冷能效比 EERsys 不应小于 3.0、制热性能系数 COPsys 不应小于 2.6。

• 节能示范项目系统制冷能效比 EERsys 及制热性能系数 COPsys 均不应小于 3.5。

4. 太阳能光伏发电系统

1)组件选用

(1)光伏组件应选用高效产品,其中单晶硅组件效率不低于 16%,多晶硅组件效率不低于 14%,非晶硅薄膜组件效率不低于 6%。

(2)单晶硅和多晶硅组件效率相对较高,推荐在屋面、遮阳板和车棚上应用,可实现较好的布置角度,最大化地利用发电资源。

(3)非晶薄膜组件效率相对较低,推荐使用在需要透光或曲面布置的部位,以充分发挥薄膜电池的特性。

(4)光伏组件实现可调安装的成本较高,且易故障,推荐使用在遮阳板等有调节需要的位置。

2)建筑设计

(1)光伏方阵的布置应结合建筑形式,合理设置倾角和方位角。光伏方阵宜设置在屋面和南向。

(2)建筑体型及空间组合应为光伏方阵的设置位置提供充足的日照条件。

(3)建筑物周围的环境景观、绿化种植和设施,应避免对光伏组件造成遮挡。

(4)建筑设计应为光伏方阵设置合理的检修通道,便于后期维修及人工清洗操作。

(5)逆变器宜设置在机房内,并采取必要的通风或空调措施。

(6)结构设计应充分考虑支撑结构变形对光伏组件的影响,设计时对结构沉降、温度应力及风荷载造成的变位进行核算,避免结构变形对光伏组件造成损害。

(7)光伏组件设置于屋面时,屋面应预留供水点,便于光伏组件表面的日常清洗要求。

3)电气设计

(1)非逆流型光伏发电系统属于在配电侧并网的,当光伏发电系统峰值功率小于建筑最低用电负荷时,可不设置反向保护措施。

(2)光伏发电系统应设置数据传输和监控系统,将光伏系统的电表、逆变器、汇流箱、辐照仪、气象仪等设备通过数据线连接起来并对设备的运行数据进行采集,在机房或控制室内设置终端设备进行显示。

(3)光伏系统运行数据采集内容应包括发电量、电流、电压、电能质量、太阳辐射、气象参数等,数据采集宜对不同区域、不同组件类型分别设置,监控软件系统宜具备分析对比功能。

(4)光伏监控系统宜通过 GPRS、以太网、WIFI 等方式上传到网络服务器,使用户可以在互联网上查看相关数据,便于电站管理人员和用户对光伏电站的运行数据查看和管理。

(5)光伏发电监控装置宜纳入楼宇设备自控系统进行状态管理。

5.3 应用案例

5.3.1 太阳能光伏或光热系统的外形一体化设计案例

1)项目基本信息

工程名称:申都大厦装修项目——太阳能热水系统供货及安装工程。

工程地点:申都大厦项目位于上海市西藏南路 1368 号,大厦外立面破旧、内部设施需大修,重新定位的申都大厦为 6 层办公室,建筑面积为 6 231.22m²。

太阳能热水要求:太阳能系统为厨房以及卫生间提供热水,热水用量标准为5L/(人·d)(60℃),办公使用人数按照 382 人计算,设计希望太阳能产生的热水量能够满足 50% 的热水需求。

项目 SketchUp 设计模型见图 5-20 和图 5-21。由图 5-20 可见,项目的屋顶空间较为紧张,设计考虑了屋顶花园、光伏发电系统、空调系统室外机等设施,为了更好地设置太阳能热水系统,方案希望在东北侧红色区域(即空调系统室外机的上部)利用构架进行光热系统的布置。

该项目利用开发的平台软件进行设计和性能分析。

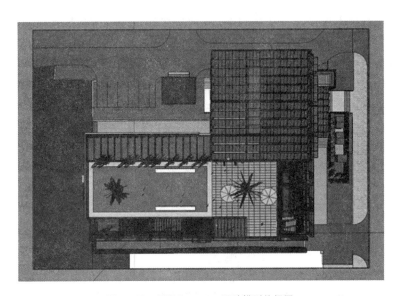

图 5-20 项目 SketchUp 设计模型俯视图

图 5-21 项目 SketchUp 设计模型轴测图

2)基本信息录入及快速布置设计

依据平台软件的操作流程,首先应该设置建筑基本信息、光热系统基本信息等内容,见图 5-22～图 5-25。

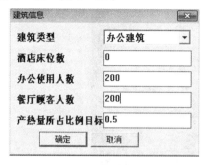

图 5-22　项目建筑基本信息

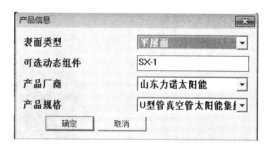

图 5-23　项目光热产品信息

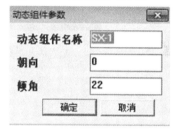

图 5-24　项目光热系统性能参数

图 5-25　项目太阳能集热板的朝向和倾角参数

设置完基本信息等参数后,在快速布置设计前需要明确布置的矩形区域,如图 5-26 所示,在矩形区域范围内做出对角线的辅助线,选择对角线后,点击布局按钮,见图 5-27,继而完成快速布局设计。

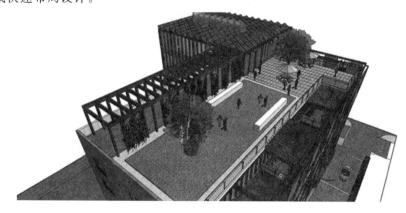

图 5-26　快速布置设计前准备

图 5-28 是完成后的太阳能集热器的快速布置设计,由图可见,真空管集热器的布置角度为 22°,朝向为南方,并设置了一定的合理间距。

3)产热量的计算

在进行产热量的计算之前,须将集热板进行分解命令,为了方便计算,可以将建筑的其他部分隐藏(快速布置设计之后太阳能集热板会自动分配至 solar thermal 图层中),见图 5-29。

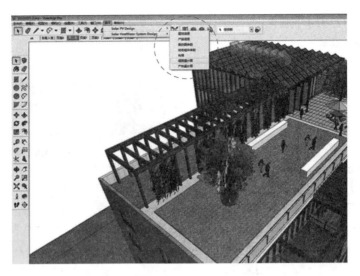

图 5 - 27 完成快速布置设计的点击(布局)

图 5 - 28 完成后的快速布置设计

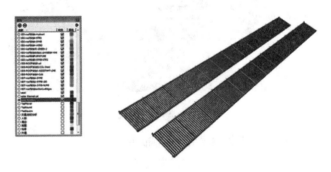

图 5 - 29 太阳能集热器

依据软件平台,首先应该先进行辐照量的计算,选中集热器后,点击图 5 - 27 中所示的辐照量计算,计算结果如图 5 - 30 所示。

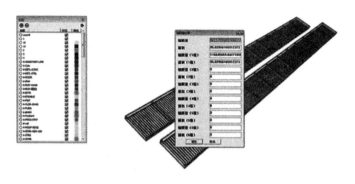

图 5-30　太阳能集热器辐照量的计算结果

完成辐照量计算之后,可以继续点击图 5-27 中所示的产热量计算,计算结果如图 5-31所示。

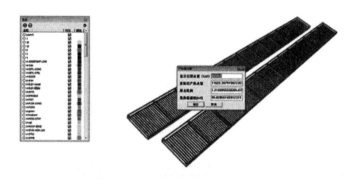

图 5-31　太阳能集热器产热量的计算结果

由计算结果可见,太阳能集热系统的产热量已达到需求热水量的 121%,即配置的集热板过多,可以减少,初步判断可以减少 50%,即可以减少一半的集热器。调整后的产热量计算结果如图 5-32 所示。

图 5-32　调整后太阳能集热器产热量的计算结果

由调整后的计算结果可见,此方案已能够满足设计目标,最终布置效果图见图 5-33,集热面积为 48m²,集热器的数量为 13 块,此时在方案草图阶段已完成了太阳能热水系统建筑部分的一体化设计。

图 5-33　调整后的太阳能集热器布置方案

5.3.2　系统配置设计案例

1. 项目简介

项目为新建高层(18 层)住宅小区,太阳能热水系统采用了阳台壁挂式(倾角 75°)分散式集热储热(户式独立)系统,太阳能集热器采用了包含 CPC 聚光栅等多项技术的中高温太阳集热器,两房(约 90m²,每户 2 人)的集热面积为 2.8m²,贮热水罐为 150L 闭式承压水箱,辅助电加热器 2kW,见图 5-34。

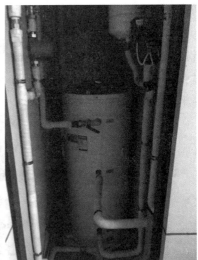

图 5-34　阳台太阳能真空管

2. 用户简介

某用户假定的小时用水规律如图 5-35 所示。

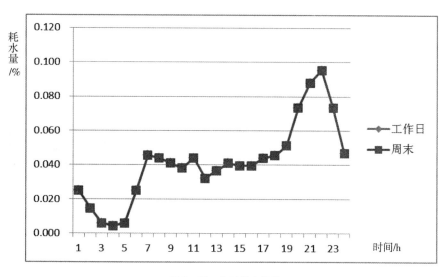

图 5-35　小时用水规律

3.设计草案确定的主要设备性能参数

1)集热器

采光面积:2.8m²

类型:全玻璃真空管型

外形尺寸:1.09m×3.117m

最大工作压力:0.8MPa

容量:2.9L

静态最高温度:276℃

载热介质:去离子水

集热器的性能参数采用表 5-11 所示参数。

表 5-11　集热器的性能参数

设　备　名　称	性　　能
集热器(基于总面积)	$\eta = 0.65 - 1.25(T_i - T_b)/G$

2)贮热水箱

容水量:150L 内胆材料/厚度　搪瓷钢板/1.8mm

保温材料/厚度:聚氨酯/40mm

额定压力:1.00MPa

传热工质:去离子水

额定电压:220V 50Hz

额定功率:2000W

防水等级:IPX4

贮热水箱的性能参数采用表 5-12 所示参数。

表 5-12　贮热水箱的性能参数

设 备 名 称	性　能
热损系数/[W/(m²·K)]	0.5

3)集热循环泵

最大电流:0.4A

水泵型号:RS15/16

功率:93/67/46

防护等级:IP 42

承压:PN 10

温度等级:TF 95

额定扬程:5m

额定流量:13L/min

4)管路循环泵

最大电流:0.4A

水泵型号:RS15/16

功率:93/67/46

防护等级:IP 42

承压:PN 10

温度等级:TF 95

额定扬程:5m

额定流量:13L/min

5)控制器

主要控制和显示功能:

(1)水箱保护温度设置。

(2)辅助电加热器设置:包括时间设置和启动温度设置。

(3)用水侧管路循环设置:包括启动温度设置和时间设置。

(4)集热器和贮热水箱温度显示功能。

图 5-36　集热循环泵

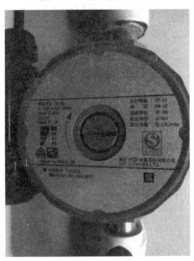

图 5-37　集热循环泵

6)燃气热水器

额定热水负荷(kW):26.7

额定热负荷热水效率:88%

生活热水适用工作压力:0.015~1.0MPa

4.构建系统分析模型

项目采用自主开发软件 HSAD1.0 太阳能热水系统辅助设计软件分析,采用如图 5-38预设模型进行分析。

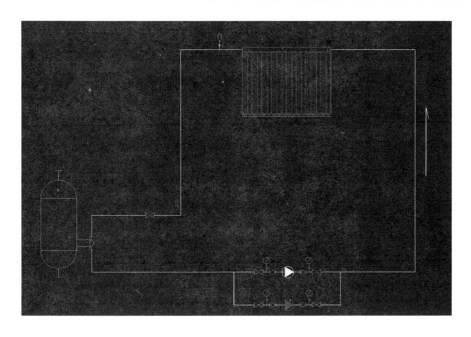

图 5-38　搭建的系统分析模型

本项目集热循环控制无法调节,采用的控制策略为:温升小于 2℃关闭循环水泵,大于 8℃开启循环水泵。

5.基础分析

1)基础分析工况 1

基础分析工况 1 全年采用统一的运行策略工况和计算结果如表 5-13,表 5-14 和图 5-39所示。

表 5-13　基础分析工况 1 运行策略

设 备 名 称	性 能
辅助热源启动控制	低于 35℃,辅助热源启动
辅助热源有效性控制	全天
水箱高温控制	75℃

表 5-14　基础分析工况 1 分析结果

工 况	性 能	
基础分析工况 1	太阳能保证率	1%
	集热效率	25%
	平均温度	52
	温度标准差	14
	单位热量的耗功率	1.05
	年节能量(kW・h)	-3

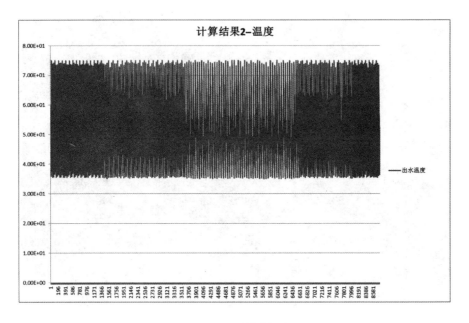

图 5-39　逐时出水温度

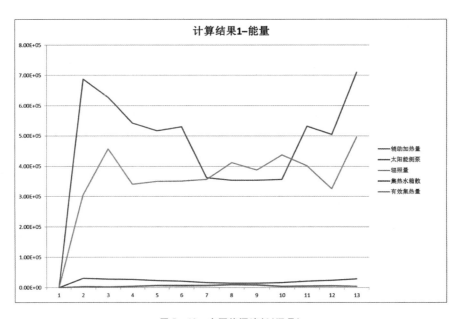

图 5-40　主要能源消耗(逐月)

分析：由以上结果可见，整体节能性较差，基本可理解为一台纯电热水器。

2)基础分析工况 2

基于基础分析工况 1 的分析结果，首先关闭辅助能源，检验一下系统的运行情况。

基础分析工况 2 全年也采用统一的运行策略工况和计算结果如图 5-39 和表 5-15 和表 5-16 所示。

表 5-15　基础分析工况 2 运行策略

设 备 名 称	性　能
辅助热源启动控制	关闭
辅助热源有效性控制	关闭
水箱高温控制	75℃

表 5-16　基础分析工况 2 分析结果

工　况	性　能	
基础分析 工况 2	太阳能保证率	100%
	集热效率	58%
	平均温度	17
	温度标准差	44
	单位热量的耗功率	1.72
	年节能量(kW·h)	18

分析:由以上结果可见,整体节能性较差,年节约用电量仅为 18kW·h,说明系统的集热循环很不理想。

6.优化分析

1)优化分析工况 1

基于基础分析工况 2 的调整集热循环的温差控制,不改变水泵的工作状态,采用的控制策略为:温升小于 1℃关闭循环水泵,大于 2℃开启循环水泵。

基于基础分析工况 2 的优化分析结果如图 5-41、图 5-42、表 5-17 所示。

表 5-17　优化分析工况 1 分析结果

工　况	性　能	
优化分析 工况 1	太阳能保证率	100%
	集热效率	58%
	平均温度	17
	温度标准差	44
	单位热量的耗功率	2.53
	年节能量(kW·h)	—17

分析:由以上结果可见整体节能性不仅没有提升,甚至有所下降,因此水泵的工作状态必须进行优化。

2)优化分析工况 2

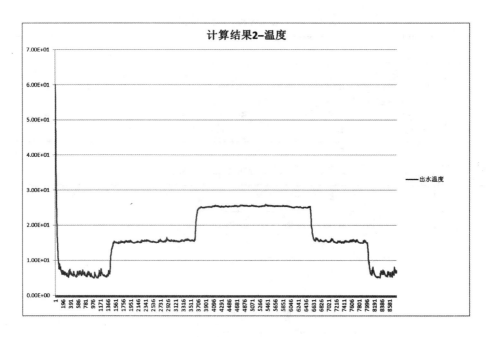

图 5-41　逐时出水温度

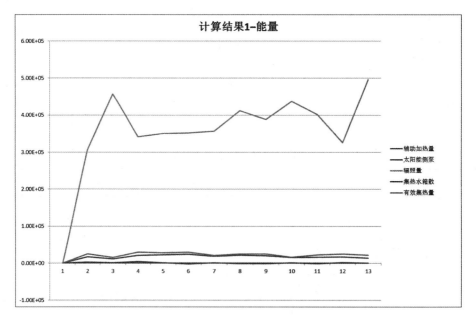

图 5-42　主要能源消耗(逐月)

由以上结果可知,循环水泵的流程、功率匹配不良,建议调整水泵的工作点,水流量调整至 0.093m³/h,水泵的实机工作状态点调整至如表 5-18 所示工况。

表 5-18　水泵运行工况

工　况	流量(m³/h)	压头(m 水柱)	功率(W)
水泵实际工况	0.093	4.5	30

基于基础分析工况 2 的优化分析结果如表 5-19 所示。

表 5-19　优化分析工况 2 分析结果

工　况	性　　能	
优化分析 工况 2	太阳能保证率	100%
	集热效率	54%
	平均温度	18
	温度标准差	43
	单位热量的耗功率	0.24
	年节能量(kW·h)	64

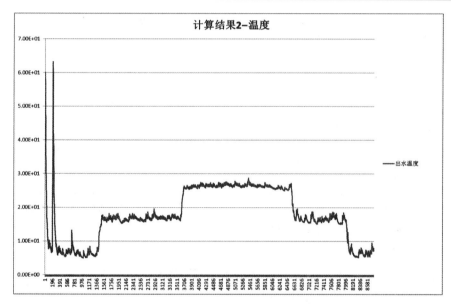

图 5-43　逐时出水温度

分析:由以上结果可见,整体节能性有所提升,但整体集热量仍然不理想。

3)优化分析工况 3

基于优化分析工况 2 的调整集热循环的温差控制,采用的控制策略为:温升小于 1℃关闭循环水泵,大于 2℃开启循环水泵。

基于优化分析工况 2 的优化分析结果如图 5-43~图 5-45 和表 5-20 所示。

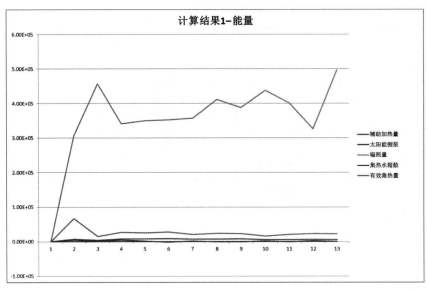

图5-44 主要能源消耗(逐月)

表5-20 优化分析工况3分析结果

工 况	性 能	
优化分析工况3	太阳能保证率	100%
	集热效率	48%
	平均温度	26
	温度标准差	36
	单位热量的耗功率	0.1
	年节能量(kW·h)	435

分析:由以上结果可见,整体节能性明显提升,年节能量由64kW·h提升至435kW·h,以0.617元/kW·h计,年节约费用268元。

4)优化分析工况4

基于优化分析工况3的调整集热循环的水箱高温控制调整至100℃。

基于优化分析工况3的优化分析结果如图5-46、图5-47和表5-21所示。

表5-21 优化分析工况4分析结果

工 况	性能	
优化分析工况4	太阳能保证率	100%
	集热效率	47%
	平均温度	35
	温度标准差	30
	单位热量的耗功率	0.1
	年节能量(kW·h)	856

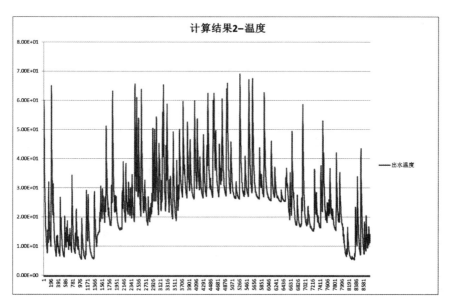

图 5-45　逐时出水温度

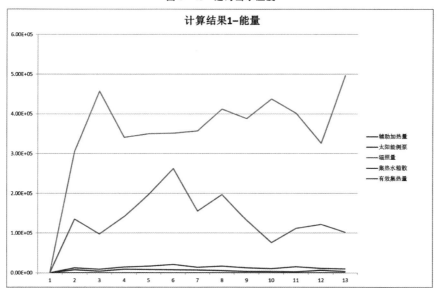

图 5-46　主要能源消耗(逐月)

分析:由以上结果可见,整体节能性又有明显提升,年节能量由 435kW·h 提升至 856kW·h,以 0.617 元/kW·h 计,年节约费用 528 元。

不仅整体节能性明显提升,夏季还出现超过 60℃ 的高温情况。

7. 深度优化分析

1)深度优化工况 1

基于优化分析工况 4,进一步优化集热循环的流量,调整水泵的工作状态点,循环流量调整至 0.055m³/h,优化分析结果如图 5-48~图 5-50 和表 5-22 所示。

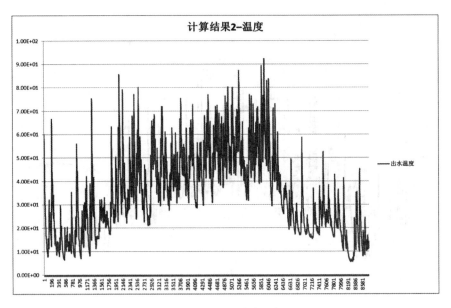

图 5-47　逐时出水温度

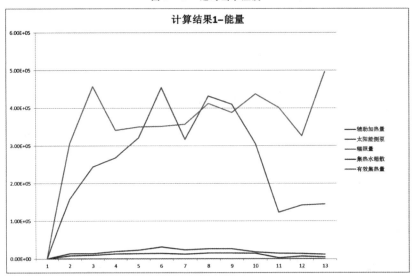

图 5-48　主要能源消耗(逐月)

表 5-22　深度优化工况 1 分析结果

工　况	性　能	
深度优化工况 1	太阳能保证率	100％
	集热效率	45％
	平均温度	38
	温度标准差	29
	单位热量的耗功率	0.1
	年节能量(kW·h)	940

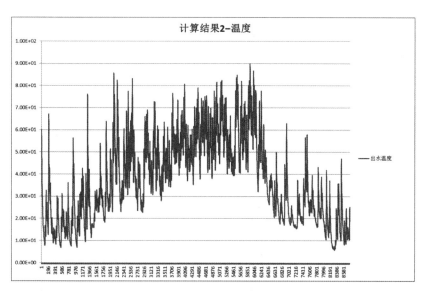

图 5 - 49　逐时出水温度

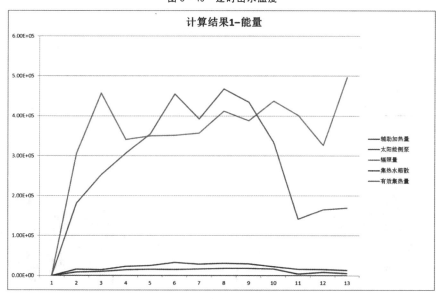

图 5 - 50　主要能源消耗(逐月)

　　分析:由以上结果可见,整体节能性有所提升,年节能量由 856kW·h 提升至 940kW·h,以 0.617 元/kW·h 计,年节约费用 580 元。

　　2)深度优化工况 2

　　由辅助能源计算可知,相同的需求量下电辅助能源的费用远高于燃气辅助能源的费用,因此本项目建议不开启辅助电加热装置。

　　3)深度优化工况 3

　　基于优化分析工况 1,进一步优化集热循环的控制策略:温升小于 1℃关闭循环水泵,大于3℃开启循环水泵。优化分析结果如表5-23所示。

表5-23 深度优化工况3分析结果

工 况	性 能	
深度优化工况1	太阳能保证率	100%
	集热效率	45%
	平均温度	38
	温度标准差	29
	单位热量的耗功率	0.1
	年节能量(kW·h)	941

分析：由以上结果可见，整体节能性略微提升，年节能量由940kW·h提升至941kW·h，以0.617元/kW·h计，年节约费用提升至581元。

8. 结语

本项目如果采用了纯燃气热水器，年消耗气量约为228m³，年消耗费用约为683元，采用太阳能热水系统并采用深度优化工况3运行后，可节约104m³，约节约费用312元。总体节约情况如表5-24所示。

表5-24 年总体消费情况

使用情况	年总消费量/kJ	年总消费/元	年节约消费量	年节约费用/元	实际总消费/元
相对于纯燃气热水器	228m³	683	104m³	312	371
相对于纯电热水器	2203kW·h	1359	1005kW·h	620	739

注：天然气热值取值38 931kJ/m³，电热器设备效率0.95，燃气加热设备效率0.85。

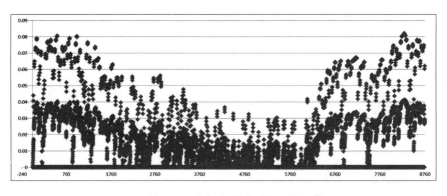

图5-51 燃气小时耗气量(逐时)

参 考 文 献

［1］中国能源研究会.《全球新能源发展报告2015》［M］,浙江人民出版社,2015

［2］刘俊卿.“十三五”能源总量的变革［J］.《财经国家周刊》,2015(26),84－85

［3］国家太阳能光热产业技术创新战略联盟.《中国太阳能热利用产业蓝皮书2015年》［D］,2016

［4］中国可再生能源学会.《中国新能源与可再生能源2014年鉴》［D］,2015

［5］谢旗辉.高效率的太阳能光伏发电系统设计及优化分析［D］.南昌:华东交通大学.2008

［6］徐忠昆.世博会主题馆围护结构隔热性能现场测试研究［J］,工程质量,2011年第10期,1－4

［7］徐伟.中国建筑科学研究院.《中国地源热泵应用适宜性评价》,百度文库,2012年3月

ISBN 978-7-5608-7575-0

9 787560 875750 >

定价：40.00元